自序

「專業音響X檔案」出版至今也已九年，新科技瞬息萬變，專業知識每日皆如雨後春筍般的冒出來。

X檔案身為專業音響人的工具書，也不能不隨著更新檔案資料，加入的內容還是得請大家不吝指教，特此感謝！

陳孝貴

2013.3

A

B

C

D

E

F

G

H

I

N

O

P

Q

R

S

AAC = ADVANCED AUDIO CODING

MPEG-2 Advanced Audio Coding規格的縮寫，係MPEG公司於1997年四月發表的國際標準，然而，現在也被用來作為MPEG-4 Advanced Audio Coding的縮寫。蘋果公司在 iPHONE，iPod，iPad 及iTunes的產品中使用此壓縮CD音樂的格式。

ABSOLUTE PITCH 絕對音準

音樂用語，不用參考音符，就能直接講出或唱出音符音準的能力，叫做絕對音準。

ABSORPTION 吸音

紡織品會吸收聲音，緩衝墊會吸收撞擊力，因此 ABSORPTION是吸音的動作或過程，是聲音經過物體或撞擊一個表面損失能量的過程；也就是説：聲音因為吸音而變小聲，物理的機械原理通常會把聲音轉換為熱能， 也就是說聲音分子撞擊物體的原子，會使物體的原子震動，因摩擦產生熱能，聲音則損失能量，因此吸音也可以解釋為改變聲能為熱能。物質吸音的能力由吸音係數來判斷，吸音係數詳下節解釋。

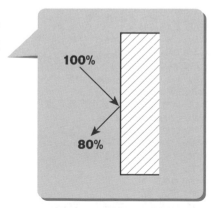

ABSORPTION COEFFICIENT 吸音係數

聲波撞上一個表面，反射回來之後，其前後聲波能量的比例叫吸音係數，數值範圍在0（完全反射）與1（完全吸音）之間，利用希臘字 α 為符號，一個表面吸音的百分比為吸音係數乘以反射表面積，單位為沙賓SABINS，取名自著名的哈佛大學教授及室內聲學家Wallace Sabine，吸音係數和聲音頻率有關，任何物質的吸音係數會依頻率不同而不同。

$$\alpha = -\log a\,(1-a)$$

α 為沙賓吸音系數；a為能量吸收系數。

A-B STEREO A-B立體錄音

A-B立體錄音是一種立體錄音的技術，使用兩支全指向麥克風，兩者保持某距離放在音源前方，這是Harvey Fletcher教授在1933年發明錄製交響樂的方法，也稱作SPACED MICROPHONE STEREO立體空間麥克風。

兩支全指向麥克風放在交響樂團前方，提供兩個聲道不同的響度，音源抵達時間（或相位），空間感，音質等，讓觀眾欣賞立體音樂。這些提示可讓我們人耳的聽覺機制去偵查聲音的來源。

在大禮堂裡錄音，為了得到最好的，最平衡的直接音與殘響聲音，正確擺設麥克風的位置很重要。等化器或其他聲音處理器是不可能改進或改正，錯誤擺設麥克風所造成的影響。A-B立體錄音技術，一般來說，錄音內容含有較多的空間音，或房間的特性音響，在建築聲學優良的環境使用時，會有絕佳的效果。

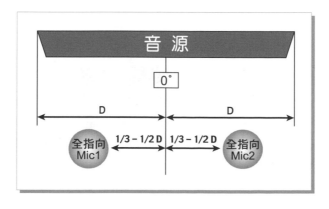

ABX TESTING ABX 測試
（又稱 ABX DOUBLE-BLIND COMPARATOR ABX 雙重盲目比較器）

音響測試比較的系統控制盒，叫 ABX BOX，用來分辨兩種或兩種以上的聲音測試器材。聆聽者可聽到A的聲音，也可聽到B的聲音及X的聲音。聆聽者一定要認定X是A還是B，聆聽者可以任意反覆比較A和B的聲音，不限時間。聆聽者知道A和B是不一樣的，而且X可能是A或B，因此一定會有正確答案，假如用猜的，多次反覆比較的結果會得到50%的正確率，因此正確率大於50%就表示聆聽者可以真正的辨認出差別；雙重盲目測試DOUBLE-BLIND更厲害，沒有人（包括測試者）知道那一個聲音是A、B或X（有可能都一樣），只有控制盒知道，必須等測試完畢後，由控制盒下載資料才能知道結果。這個測試法是由 Arnold Krueger 及 Bern Muller 於1977年發明，之後由 David Clark 及其公司ABX改進的更精確之後，才推廣於世。

AC 交流電 = ALTERNATING CURRENT

交流電的流向會在固定時間內反向，直流電DC則永遠保持一個方向，交流電每分鐘改變方向的次數就叫頻率，110V/60Hz表示110伏特的交流電每分鐘反向60次。

AC-3 = AUDIO CODING 3
杜比數位環繞聲系統

杜比數位音響資料經壓縮演算，適應HDTV的傳輸，並應用在DVD、LD及5.1多聲道的家庭劇院CD；AC-1及AC-2是杜比公司為其他設備研發的不同版本。

ACADEMY CURVE 電子學院曲線

電影音樂製作一開始（1938年）就使用的標準MONO光學音軌的名稱，多年來只有一點點的改善，也稱為N（NORMAL）CURVE，其頻率響應為：100Hz至1.6kHz平坦，40Hz衰減7dB， 5kHz衰減10dB及8kHz衰減18dB；針對高頻做這樣的處理，是為了隱藏早期電影音樂製作時，發生在高頻的噪音。

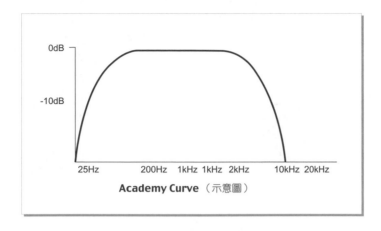

Academy Curve （示意圖）

ACAPPELLA 無樂器伴奏演唱

音樂用語，人聲合唱不用樂器伴奏，甚至用口技模仿各種樂器的音色配合演出。

ACCELERATED-SLOPE™ 加速度斜率

RANE公司的註冊商標，用以形容音色控制科技的專利，專利內容為產生比正常更陡的斜率，因此在增益或衰減高頻及低頻時，不致干擾到中頻帶的等化特性。

ACOUSTIC AMPLIFIER 樂器聲的自然放大

樂器的一部分，會使震動源移動更多空氣或更有效率的移動空氣，使樂器音量更大聲，樂器聲的自然擴大的例子包括：

1.）ACOUSTIC吉他的琴身

2.）鋼琴的發聲板

3.) 號角的鐘型結構

4.) 鼓殼

ACOUSTIC COUPLING

PA系統中，兩個或兩個以上的喇叭疊在一起所發
出來的聲音，和一個喇叭單獨所發出來的聲音不
一樣，通常兩個或兩個以上的喇叭疊在一起所發
出來的聲音比較好。

ACOUSTIC ECHO CHAMBER

一個房間的六個面設計成無互相平行的硬質表面，裝有喇叭及麥克風，未經任何處理
器處理的訊號由混音器送給喇叭，麥克風也接在混音器上，並且將喇叭放出來的聲音
再度送回混音器，這個訊號將會有原始訊號的殘響，可以在混音器裡和原始訊號混合
一起。

ACOUSTICAL ABSORPTION

一個表面或物體吸收聲波時，不反射或被穿過的特質。

ACOUSTIC FEEDBACK 回授

從喇叭發出的聲音被麥克風拾取，又再被放大經由同一支喇叭發聲，又被同一支麥克
風拾取等等，每一次訊號變得更大，直到音響系統開始自我回授，產生某種頻率的尖
叫，尖叫的頻率叫作回授頻率。

ACOUSTIC TREATMENTS
室內聲學處理

只有三種典型的物理工具，可以讓室內聲學家用來處理
房間的特性：吸音，反射及擴散。吸音器材可以衰減聲
音，反射可以引導聲音的方向，擴散可以擁有平均的聲
音分布（希望如此），換句話說，這些工具改變了聲音
本質的速度，頻譜及空間感。

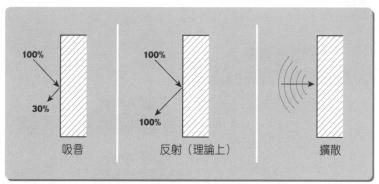

吸音　　　　　反射（理論上）　　　　擴散

ACOUSTICS　室內聲學

聲音的研究及人耳聽音機制與聲音有關之事務。

Action吉他弦和按弦面板之間的距離

樂器用語，吉他弦和按弦面板之間的距離不能太高，也不
能太低；太高則按弦困難，太低則使得吉他弦振動空間不
夠，容易和按弦面板摩擦而產生雜音。

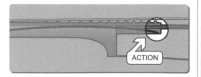

ACTIVE　主動式

音響的電路包含電阻、IC、真空管或其他設備，需要交流電或電池供應電源才能正常
工作的通稱為主動式，通常均有放大的功能，類似的產品有主動式喇叭、主動式分音
器，相對的，不需要這種電源的設備通稱為被動式。

ACTIVE CROSSOVER 主動式分音器

需要電源供應器才能工作的喇叭分音器叫做主動式分音器，通常裝在機櫃上，主動式分音器有輸出頻帶可分為立體2音路、MONO三音路等等；立體2音路分音器是雙聲道兩音路輸出，可將訊號源分為低及高兩部分，此為雙擴大機喇叭系統，使用者必須設定一個頻率，該頻率有一個調整範圍，稱為分頻點，MONO三音路是單聲道三音路輸出，三音路分為低、中及高三部分，此為參擴大機喇叭系統，使用者必須設定兩個分頻點：中低及中高頻率。分頻點的選擇必須依搭配喇叭的規格而定。

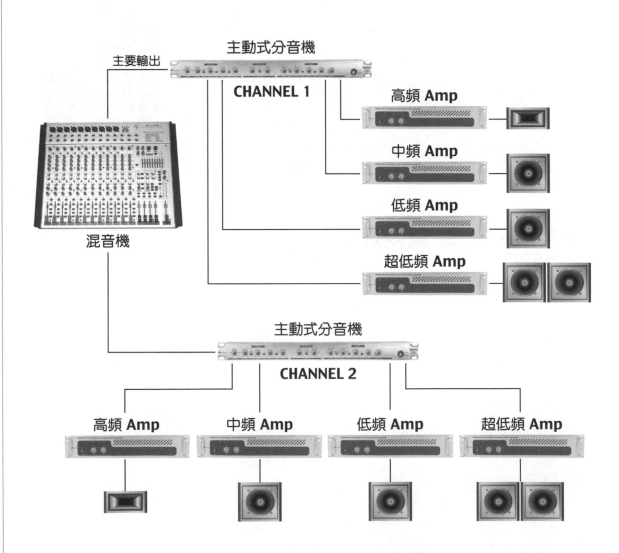

ACTIVE SENSING 主動式偵測

一種確認MIDI連接工作正常的系統，運作的方式係由輸送設備於固定時間發射短訊給接收的設備來確認工作是否正常，不管什麼理由，如果這些短訊停止發射，接收的設備偵測出錯誤狀況，就會將所有音符切斷；並不是所有MIDI設備都支援主動式偵測。

ADAT = ALESIS DIGITAL AUDIO TAPE

一種磁帶錄音系統由Alesis公司研發，並於1993年發表，授權給Fostex及Panasonic，可將8音軌的16位元44.1kHz、48kHz的數位音響錄在SUPER VHS錄影帶裡。

ADAT XT-20

A / D 類比 / 數位訊號轉換

類比訊號轉換為數位訊號的簡稱。

ADC = ANALOG DIGITAL CONVERTOR
類比 / 數位訊號轉換器

將類比訊號轉換成數位訊號的機器或介面，類比訊號以每秒取樣數萬次的結果，將其電平以數位的語言量化，使類比波形轉換成二進位距離等空間的數值，轉換器採用的位元數愈大，類比訊號取樣處理的解析度愈佳。

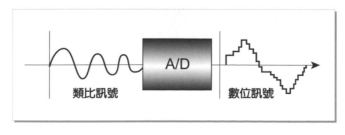

ADR = AUTOMATIC DIALOG REPLACEMENT

電影後製作工作的專有名詞，用來表示電影某一段表演及外景地點中，其對白並未同步錄音或需要重錄，ADR控制室是一個錄音間，有螢幕、電視顯示器、麥克風、控制區、混音機及喇叭系統。

ADSR =
ATTACK、DECAY、SUSTAIN、RELEASED

封波產生器具有觸發時間，延續，衰退以及釋放時間等參數。這是一個簡單型式的封波產生器，早期類比合成器是第一個使用者；這個型式的封波產生器仍然受到現代樂器的歡迎。

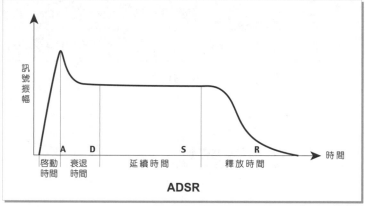

AES = AUDIO ENGINEERING SOCIETY
美國音響工程協會

美國音響專業人士組成的音響工程協會，成立於1949年，是世界最大的音響工程協會，由技術人員、學術界及各個領域的專家組成。美國音響工程協會專注於音響及聲音的研究，並發行AES雜誌，舉辦展覽會，制定新標準。

AES / EBU 平衡式數位音響訊號傳送的規格

AES/EBU 標準定義了專業數位音響訊號的傳輸方法，它本來是AES及EBU（EUROPEAN BROADCAST UNION）兩者合作的結果，後來經過美國國家標準局ANSI（AMERICAN NATIONAL STANDARDS INSTITUTE）的承認，數種取樣率標準始被認定，包括數位影像使用48kHz的音響訊號，音響訊號使用的44.1kHz等等，AES/EBU 原始取樣率為48kHz。

AES/EBU數位音響訊號傳輸線，係以110 Ω屏蔽雙絞線傳輸兩聲道音響訊號及同步資料，使用XLR接頭，以利長距離使用。

AF音響頻率 AUDIO FREQUENCY

AF是AUDIO FREQUENCY音響頻率的簡稱，表示其頻率範圍是人耳可聽的音響部分，通常是20Hz～20kHz之間，極少數的人才可能聽到低於20Hz或高於20kHz的頻率，大多數人超過16kHz就聽不到了，事實上耳朵的聽力也跟頻率本身的音量大小有關係。

AFL / PFL =
AFTER FADER LISTEN/PRE FADER LISTEN

AFTER FADER LISTEN為聆聽推桿之後訊號的縮寫，是混音機使用的系統，允許規定的信號在經過推桿的電平控制之後進入監聽。PRE FADER LISTEN為聆聽推桿之前訊號的縮寫，允許規定的信號在經過推桿的電平控制之前進入監聽。

AFTERTOUCH 按鍵壓力控制

依MIDI樂器鍵盤受手指壓力多少產生一個控制訊號的方法，大多數支援此功能的鍵盤樂器並不會對每一個鍵作獨立的壓力偵測，而是利用偵測兩個鍵之間響弦整體壓力的平均值，AFTERTOUCH可以控制某些功能，例如：VIBRATO DEPTH顫音深度，FILTER BRIGHTNESS濾波器明亮度，LOUDNESS 響度等。

AGC =
AUTOMATIC GAIN CONTROL 自動增益控制

自動增益控制電路能自動調整音響設備的增益。其控制結果和輸入訊號電平成反比，例如：設計用來錄製演講的攜帶式錄音機，當演說者很靠近麥克風時，增益會衰減，以免將錄音帶過載，如果演說者聲音變小，增益會自動增強，讓錄音電平保持一致。收音機也有AGC的設計，增益自動調整，讓在各地不同距離（接收強度不同）的聆聽者都能保持相同的音量。

AIFF = AUDIO INTERCHANGE FILE FORMAT

AIFF為儲存及傳輸取樣聲音的檔案，係由蘋果電腦發展，是麥金塔電腦Macintosh標準音響格式，檔案為8位元MONO或立體，其副檔名以".AIF"或".IEF"表示。
AIFF檔案不支援資料壓縮，因此檔案容量很大，但是另一種叫做AIFF-Compressed（AIFF-C or AIFC）的檔支援資料壓縮。

ALGORITHM 演算法

ALGORITHM是一個電腦演算程式，用來執行一個特定的工作，效果器的ALGORITHM通常形容一個可建立特別設計區塊的軟體，來創造一個特定的效果或多重效果。

ALIASING 圖形或聲音在數位轉換時的失真

當類比訊號被取樣轉換為數位資料的時候，如果取樣頻率沒有比輸入訊號最高頻率高兩倍時，會造成某種形式的失真而產生不該有的頻率；因為只有部分的訊號會被定義為整體波形，採樣處理將因取樣點不夠分配到每個波形的週期而變得模糊，使得諧波頻率被迫加入音響訊號，造成波形的失真。取樣率為48kHz的系統可以正確地處理24kHz的訊號，要移除所有高於尼奎斯特頻率NYQUIST FREQUENCY的話，所有類比/數位訊號轉換器必須加裝ANTI-ALIASING濾波器。尼奎斯特頻率NYQUIST FREQUENCY詳如後解釋。

ALKALINE CELL 鹼性電池

為小型電器（錄音機、收音機、照相機、數位相機等）而設計的電池，類似 LECLANCHE CELL（普通電池，供電壓約 1.5 伏特，不能充電），但是以金屬做正極、鋼為負極，再加上鋅、鋼及鹼性電解質，鹼性電池可以充電，如果慢慢充，其容量幾乎為LECLANCHE CELL 的兩倍，它也有較佳的調節性能。

ALLISON EFFECT 艾立森效應

喇叭與聲學用語，Roy F. Allison先生是第一位提出這種效果的美國聲學工程師，指出室內邊界(牆壁、牆腳、天花板)和喇叭輸出功率的互相關係，尤其是「破壞性干擾模式」的觀念，影響後來大家對幅射音源和反射面距離(是該音源1/4波長時)產生破壞性干擾現象的研究。Allison Effect艾立森效應告訴我們喇叭低頻響應會被低音單體中心跟房間內各邊界(牆壁、牆腳、天花板)的距離所影響，這個效果只針對低音喇叭，而且不管我們身處何處，都感受得到；因為喇叭放置距離的關係，影響到的低音頻率約在150Hz至200Hz之間，其1/4波長大約是56cm～42cm左右；比方説低音單體中心距離右牆某尺寸引起相關低頻率1dB的衰減，如果這個低音單體中心距離後牆也是相同尺寸，就會引起相關低頻率3dB的衰減，喇叭擺位不可不慎。

被破壞性干擾的低頻可用下列方程式算出：破壞性干擾頻率f=344每秒聲音的速度≒低音單體中心與牆壁的距離x 1/4。The Allison effect艾立森效應也解釋喇叭擺位時，小於破壞性干擾頻率(1/4波長=低音單體中心距離牆壁的尺寸)的低音頻率會變大聲，並且互相呈反比。所以喇叭擺位時，越靠近牆壁、牆腳、天花板越讓低頻增加的頻率，其1/4波長皆小於低音單體中心與牆壁、牆腳、天花板的距離。

AMBIENCE 環境感

1. 室內聲學的解釋為空間的感覺，或為聆聽空間的室內聲學品質。

2. 心理室內聲學的解釋為由特別環境造成的特殊氣氛或心情。也可寫成AMBIANCE。其意義和殘響相反。

室內存在的殘響、迴音、背景噪音，都是一種環境音的組成分子。大多數音樂錄音都會把室內建築環境音的特性一起錄進音樂裡，也可以在個人聆聽室感受到音樂演奏的環境，例如：在大教堂錄風琴演奏時，也錄進了教堂裡很大量的殘響，這些殘響也幫助聽眾在家裡時能感受到在大教堂聆聽的感覺。

真正的室內聲樂音源的品質是很難有效的錄音及再播放出來，因為音源房間內的殘響是擴散的，是從所有的方向反射而來的，是無法被立體錄音紀錄下來。

AMBIENT MICKING 環境收音

麥克風放在殘響區域（殘響區域的殘響聲音大於直接音），這樣可以單獨錄下環境音
允許錄音工程師在錄音中，可在直接音與殘響音之間切換運用，作混音的改變。

AMBISONICS

由英國研發出的環繞音響系統，可產生真正的三度空間音響區域，需要兩個或更多的
編碼輸入及四個或更多解碼輸出的喇叭，這不是一個簡單的系統，重現三度空間的音
響更困難，何況是利用一個編碼的立體輸入及只有四個解碼的播放聲道；利用更多
輸入聲道及更多喇叭，AMBISONICS可以精準的播放出完整的360度，圍繞聆聽者
的水平音場，它可以發展出真正的球形殼聆聽區域；雖然它的效果那麼好，卻無法
推廣至大眾消費市場，有幾個因素：首先，實際錄音時需要一組四支特殊的四面
體TETRAHEDRON陣列式麥克風，三支麥克風拾取左、右、前、後及上、下的音壓電
平，第四支麥克風拾取整體音壓電平，這些麥克風一定要盡量涵蓋空間中的同一點；
目前，只有一家工廠可以製造出這種陣列式麥克風。第二，需要一台專業AMBISONICS
編碼器利用矩陣式電路，將此四個麥克風訊號加在一起，在母帶製作或開始廣播之前
產生兩個或者更多聲道。第三，消費者一定要買一台AMBISONICS解碼器，再增加至少
四聲道的播放設備。

AMERICA WIRE GUAGE
= AWG 美國線材標準

美國非鐵金屬線材標準規定（例如：銅、鋁、金、
銀等，這表示14號鐵線直徑和14號銅線直徑規格不
一樣），共有44種規格，音響工業常用的線材規格
是4號～24號，因為小於4號的線太重，大於24號的
線阻抗太大，都不適合我們使用，阻抗是我們決定
線徑的重要因素，我們一定要仔細判斷，依下表為
例：一個阻抗8Ω的喇叭如果和擴大機相距100公尺
遠，使用20號的喇叭線，將會有一半的功率轉變為
熱能而損失掉了，多可怕？當然我們不會用 20 號
那麼細的線拉100公尺遠去接喇叭，這個例子只是
要突顯線徑因素的重要性。

編號	直徑 mm	截面積 mm	阻抗/1000公尺 Ω/1000
1	7.348	42.41	0 1260
2	6.544	33.63	0 1592
3	5.827	26.67	0.2004
4	5.189	21.15	0 2536
5	4.621	16.77	0.3192
6	4.115	13.3	0.4028
7	3.665	10.55	0 5080
8	3.264	8.36	0.6045
9	2.906	6.63	0.8077
10	2.588	5.26	1 018
11	2.305	4.17	1.284
12	2.053	3.31	1 619
13	1.828	2.62	2 042
14	1.628	2.08	2.575
15	1.450	1.65	3 247
16	1.291	1.31	4 094
17	1.150	1.04	5 163
18	1.024	0.82	6 510
19	0.9116	0.65	8.210
20	0.8118	0.52	10 35
21	0.7230	0.41	13 05
22	0.6438	0.33	16 46
23	0.5733	0.26	20 76
24	0.5106	0.20	26 17
25	0.4547	0.16	33 00
26	0.4049	0.13	41 62
27	0.3606	0.10	52 48
28	0.3211	0.08	66 17
29	0.2859	0.064	83.44
30	0.2546	0.051	105 20
31	0.2268	0.040	132 70
32	0.2019	0.032	167 30
33	0.1798	0.0254	211 00
34	0.1601	0.0201	266 00
35	0.1426	0.0159	335 00
36	0.1270	0.0127	423 00
37	0.1131	0.0100	533 40
38	0.1007	0.0079	672 60
39	0.0897	0.0063	848 10
40	0.0799	0.0050	1069.00
41	0.0711	0.0040	1323 00
42	0.0633	0.0032	1667.00
43	0.0564	0.0025	2105.00
44	0.0502	0.0020	2655.00

AMP = AMPERE 安培

AMPERE的縮寫，是電流單位。又是擴大器的俗稱。

AMPLIFIER 擴大器

增加訊號電壓、電流阻抗或功率的設備叫擴大器。

擴大器是主動式設備，一般來說它是用來增加訊號的功率，其能提供的放大數量叫做增益，增益是輸入訊號電平和輸出訊號電平的比率，例如：擴大器將輸入電平的電壓增大一倍，我們稱其電壓增益為2，如果輸出電流是輸入電流的10倍，那麼電流增益是10等等，擴大器幾乎可以有任何組合形式的電壓增益，電流增益或功率增益，某些數值還可能是負的，擴大器增益為負值，但是電流增益變大，使得功率增益變大。擴大器增益用dB來表示，這會造成潛在的困惑，因為dB一直表示的是功率的比率，電壓增益擴大的情形絕對不能用dB表示，除非輸出與輸入的阻抗是一樣。

疑惑的產生是因為擴大器電壓增益和其功率輸出能力有關，例如：一台擴大器規格上，電壓增益為10，其可實際增大功率增益20dB，可以說它的增益是20嗎？實際上，很少有這種情形，真正的功率增益，通常和利用電壓增益預測的增益相差很小，比方說，功率擴大機輸入阻抗為 1.6mega Ω，可以發出400 W/4 Ω 的負載，它的輸入與輸出電壓可以是一樣，因此有記其增益為1或0dB，但是它送出400 W/4 Ω 時，其電壓輸出是40伏特，其輸入電壓也是40V，40V的輸入只能發出1mW（$40^2/1,600,000$），因此功率增益實際為 $400 \div 0.001$ 或 400,000，真正的增益為56dB。另一個例子，麥克風前極的電壓增益為1,000，輸入阻抗為100 Ω，訊號為1mV，輸入功率為 $0.001 \div 100$ 或 1/100.000.000W，輸出功率為1V。

CREST AUDIO CM2204

AMPLIFIER CLASSES 擴大機分類

音響擴大機依據擴大機輸出電壓及輸入電壓之間的關係而分類，主要是利用輸出階段不同的設計來分類。基本上，以輸出設備操作一個完整訊號週期所需要的時間來區分，也可用輸出偏壓電流，來定義輸出設備無工作訊號時的電流量。為了討論的方便（除了A類擴大機以外），假設一個簡單輸出階段包含兩個輔助設備（一為正，另一為負），利用真空管或任何型式的電晶體均可（BIPOLAR、MOSFET、JFET、IGFET、IGBT等）。

■ Class A 類擴大機

兩個輔助設備在完整訊號週期內連續不斷的操作，或在輸出設備內一直存在偏壓電流，A類擴大機最主要的特性是：兩個設備的電源永遠是開著的；A類擴大機實際上並不是已完成的設計，A類擴大機是所有擴大機設計中最沒有效率的，其效率平均大約只有20%；因此A類擴大機都很大台、很重、很燙；這都是因為擴大機永遠都在最大功率狀態下工作的關係，A類擴大機的好處是表現最線性，失真最小。

■ Class B 類擴大機

B類擴大機和A類擴大機相反，B類擴大機兩個輔助設備的電源永遠不允許同時打開，或輸出設備於無訊號輸入時，偏壓電流被設定為零，也就是說，每一個半週期才出現特定輸出電流，每一個輸出設備的電源，將於每一個半正弦波訊號週期才打開；因此，CLASS B類的擴大機設計展現出高效率，但是在分頻點附近卻顯得線性不足，這是因為將一個設備電源關掉之後，再將另一個設備電源打開所需要的時間差所致，這個現象導致分音器極度的失真，因此限制了B類擴大機設計運用在功率消耗大的設備上，例如：雙向無線電及其他乾電池供電的音響通訊等設備。

■ Class AB 類擴大機

CLASS AB類擴大機的設計是中庸型，其兩個設備的電源允許同時打開（類似CLASS A類擴大機），但不是全開。特定輸出設備輸出偏壓的設定，使得電流量大於半個正弦波週期訊號，但是小於一個正弦波週期訊號，因此，只有少量的電流被允許流過兩個設備，（不像A類擴大機設計需要全部的電流量）但已足夠讓各設備工作，使它們可以立即的反應輸入電壓的要求，因此B類擴大機非線性設計可以消除，A類擴大機設計的超低效率可以避免，它是效率好（差不多50%）及線性設計佳的組合，使AB類擴大機成為最受歡迎的擴大機。

■ Class AB 類PLUS B擴大機

本設計包含兩對輸出設備，一對以CLASS AB類擴大機操作，另一對（副控SLAVE）以CLASS B類擴大機操作。

■ Class C 類擴大機

CLASS C類擴大機在廣播工業用於無線電頻率（RF）的傳輸。它的工作方式係將一個設備的電源打開，時間小於半個週期，本質上，每一個輸出設備是利用脈衝打開電源來工作，時間大約半個週期的百分之幾，而不是連續操作整個半個週期，這種設計的效率極高，有能力產生巨大的輸出功率，而且神奇的RF無線電頻率諧調電路（FLYWHEEL EFFECT）克服了CLASS C類擴大機以脈衝操作所產生的失真。

■ Class D 類擴大機

利用切換電源來操作的擴大機，因此稱為SWITCHING POWER擴大機。其輸出設備會很快的切換電源開關，至少每週期兩次，理論上，因為輸出設備只會呈現完全開機或完全關機，他們不會浪費任何功率；如果一個設備電源開了，就會有大量的電流經過，但是所有電壓會經過負載，因此被設備浪費的功率是零；當設備關掉，電壓很大，但是電流量是零，因此得到同樣的答案。CLASS D類擴大機理論上其效率為100%，但是它需要一個無限快的切換速度，目前的設計，其效率僅可達到幾乎90%，還有望突破。較適合攜帶式的音響，高效率的改進可以延長電池的續航力，當然也引起較大的噪音及失真。幸好攜帶式音響的消費者尚能接受。

■ Class E 類擴大機

CLASS E類擴大機的設計是為了長方形輸入脈衝，不是正弦音響波形，通常CLASS E類擴大機具有一個單一的晶體，其作用像一個開關。

接下來的擴大機分類，只是同業界的共識，並不是官方承認的資料，僅供參考。

■ Class F 類擴大機

也稱做雙諧波BIHARMONIC，合成諧波POLYHARMONIC，CLASS DC類擴大機，SINGLE-ENDED CLASS D類擴大機，HIGH-EFFICIENCY CLASS高效率C類擴大機及多重共鳴器MULTIRESONATOR。是另一種形式的諧調功率擴大機，其負載是一個諧調共鳴的電路，他的差異是本電路是諧調一個或多個諧波頻率。

■ Class G 類擴大機

CLASS G類擴大機的設計牽涉到改變電源供應器電壓，從較低的電壓改至較高的電壓，此時需要較大的輸出動作，有很多方法可以達成此目的，最簡單的方法是將一個單獨的CLASS AB類輸出階段利用兩極真空管連接兩個電源供應器，或一個晶體開關；專為音樂性節目設計，輸出階段接在較低的供應電壓，出現大訊號峰值時會自動切換至較高的供應電壓；另一種方法使用兩組CLASS AB類擴大機輸出，每一組連接一個不同的電源供應器，以輸入訊號電壓的大小決定訊號路徑，利用兩個電源供應器改善效率，使小尺寸及重量輕的電源供應器顯著的可以提供較大的功率表現。CLASS G類擴大機的設計在專業音響器材很受歡迎。

■ Class H 類擴大機

CLASS H擴大機的設計較CLASS G類擴大機更先進，實際上利用輸入訊號調變較高的電源供應器電壓，因此允許電源供應器得以追蹤音響輸入狀況，即只需提供足夠的電壓，讓輸出設備得到最佳的操作，H類擴大機的效率和G類擴大機差不多。

■ Class S 類擴大機

發明於 1932 年，這個技術可運用在擴大機振幅調變功能，類似D類擴大機，採用PWM電壓方波及低通濾波器，只允許漸慢改變的直流電壓或具平均值電壓的設備出現。

AMPLITUDE 振幅

振幅是一個電子訊號或者聲音的力量，與頻率無關，聲音振幅的測量單位通常以音壓電平表示。

1. 度量衡用語：尺寸。
2. 物理用語： 週期性改變的絕對最大值。
3. 數學用語： 週期性曲線測量Y軸的絕對最大值。
4. 電子用語： 電壓或電流波形的絕對最大值。

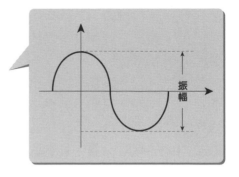

ANALOGUE 類比

利用連續改變電壓或電流來代表一個訊號的電路，本名詞最早用來形容電子訊號也可以類比成原來的訊號，後來演變成代用的名詞。

類比是與數位相對的觀念。以聲音的訊號為例，所謂的類比聲音訊號ANALOGUE AUDIO，是將聲波化成實際的電壓變化，用連續改變的電壓或電流來呈現信號，用示

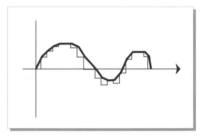

波器實際偵測類比訊號傳輸中的電壓變化，可看到類似聲波的圖形。相對的，數位聲音訊號DIGITAL AUDIO則是將聲波轉化成數字，這些數字解碼之後，變成以0與1表示的一串訊號。訊號傳輸過程中，以高電位代表" 1 "，以低電位代表" 0 "。以示波器偵測數位訊號傳輸中的電壓變化，則會有類似右圖的圖形。

理論上，類比訊號就是將聲波的振動，完全轉換成電位高低的變化，照理來說，類比訊號應能傳達最完整的聲音，事實上，由於訊號線材、輸出入端子的物理特性，使得訊號會受到外界如：磁場干擾、導體電阻等等的影響，最後到達的訊號多少會與原始訊號有所不同。而數位訊號則是將類比的訊號加以分割，將每一個分割點上的振幅大小數值轉換成數字，分割得越細，數位訊號就能呈現越逼真的聲音，但是無論怎麼分割，還是沒有辦法做到與類比訊號一模一樣。

分割的方式，一般而言，若是將類比訊號每一秒分割成44100個點來轉換成數位訊號，人耳大致上就已經分不出它與原音的差別，這就是CD聲音的取樣頻率44.1kHz及DVD聲音的取樣頻率96kHz的由來。數位訊號的好處是：傳輸過程中不容易失真。因為數位訊號只有單純的0與1，也就是低電位與高電位，在一般程度的干擾下，低電位幾乎仍會保持在低電位的標準以下，高電位亦保持在高電位的標準以上；換句話說，代表" 0 "

的訊號送達目標時，不太可能變成"1"，而代表"1"的訊號也不太可能變成"0"。相反的，類比訊號中任一點的電位稍微受到干擾，就會影響到那一點的聲波表現，而數位音響就不會。

數位訊號，容易編輯，方便儲存，幾乎可以儲存在現今的任何一種數位儲存媒體上，而且它也比類比訊號更容易做進一步的處理，如添加效果、數位混音等等，使得數位錄音已成為現代錄音工業的主流。

數位訊號的聲音品質，從其取樣頻率以及解析度而定。所謂取樣頻率，就是一秒鐘要取樣幾次：如CD音質的取樣頻率是44.1kHz（每秒44.1×1000次）， DVD音質的取樣頻率標準則是96kHz。另外，解析度是取樣值要以幾位元的數字來表示：CD音質的標準是16位元，而DVD音質的標準則是24位元。取樣頻率與解析度越大，則數位訊號音質的品質就越細膩。

ANECHOIC 無響室

無迴音的房間，或特別設計的房間，利用吸收所有的音頻，設計規格超過一個自由音場。

ANSI 美國國家標準局
(AMERICAN NATIONAL STANDARDS INSTITUTE)

ANTI-ALIASING FILTER 反混淆濾波器

反混淆濾波器是一個低通濾波器，裝在數位音響轉換器的輸入端，用來限制頻率範圍的濾波器，使類比信號的最高頻率，在A/D轉換之前不超出取樣頻率的一半。

ANTISKATING = ANTI-SKATING 防滑

黑膠唱盤的機械式控制設計，用來補償唱盤旋轉產生唱臂向心力的誤差，讓唱針可以一直保持在唱片溝槽中心。

ANTI-FEEDBACK PROCESSOR 迴授抑制處理器

這種處理器能迅速掃描、偵測、並將發生迴授的頻率音量壓低，讓產生迴授所需要的系統總音量加大。這種器材在自動偵測模式中，會慢慢地提高音量，以精確地壓下迴授頻率，並將確保音質的減損到最小。這種的迴授Feedback，指的是當麥克風太靠近喇叭或音量過大時，麥克風又將喇叭放出來的聲音收入，造成極為刺耳的尖銳雜音。

CREST AUDIO

ANTI-IMAGING FILTER

低通濾波器裝在數位音響轉換器的輸出端，用來衰減頻率，防止超過取樣頻率的一半，消除取樣頻率倍數頻率處發生的影像頻譜。

ARPEGGIATOR 琶音器

允許MIDI樂器將當前演奏和弦的任何音符順序演奏的軟體或方式，大多數的琶音器也允許琶音超過幾個八度，因此按一個簡單的合弦就可以得到動人的分散音符反覆琶音演奏。

ASA = ACOUSTICAL SOCIETY of AMERICA
美國室內聲學協會

1929年成立，成員包括：科學家，室內聲學家，其他牽涉到室內聲學設計，研究及教育專業人員，是世界最老的音響組織。

Acoustical Society
of
America

ATRAC =
ADAPTIVE TRANSFORM ACOUSTIC CODING

ATRAC是一種壓縮技術，用來將5英吋CD內相同的內容儲藏在MD裡。ATRAC的技術可在MD做長達37分鐘的四軌錄音。ATRAC利用有名的心理聲學原理，將音響資料壓縮至原來五分之一的大小，實際上，音樂品質沒有受到損失，人類聽覺門檻原理證實，人類耳朵的靈敏度跟頻率是有關係的，兩個相同音量，不同頻率的音色，被人類耳朵聽到的響度是不一樣的；另一個原理是遮蔽效應：類似的兩個頻率，我們聽不到聲音小的。

ASCII（發音為 "ask-ee"）
=American Standard Code for
Information Interchange
美國標準資訊交換代碼

美國標準資訊交換代碼，利用二進位資料描述電腦鍵盤128個文字、數字及特殊符號，很多系統現在使用 8 位元的二元編碼叫做 ASCII-8，它有256個符號。

反覆琶音

ASIO（發音為 "az-ee-o"）
= Audio Stream Input/Output　音響訊流輸出 / 入

1997年Steinberg公司為音頻/MIDI設備研發多聲道音頻轉換協議，以強化錄音卡存取多聲道音頻的能力，現在已是數位音響及電腦錄音卡標準的驅動協議。

ASSISTANT ENGINEER 助理工程師

有經驗的工程師助理，通常幫忙擺設麥克風，操作錄音機，每節錄音結束要整理器材，做每節錄音的文書處理工作，通常日本要三年、美國要五年才能出師，臺灣則因人而異。

ATMOSPHERIC PRESSURE 大氣壓力

大氣重量造成的壓力在海平面測得之值為一大氣壓力，其壓力將隨高度增高而變低。

ATTACK 手觸琴鍵

彈奏鍵盤樂器時，手指施力的大小，叫ATTACK，ATTACK的大小會影響音量。

ATTACK TIME 啟動時間

1.）音樂用語：用在樂器時，是指聲音在發聲瞬間的特性。例如：ATTACK較強的樂器音色，表示彈奏該樂器時，音量會較快升到最高點，例如：鋼琴、鐵琴；ATTACK較弱的樂器彈奏時，例如：弦樂器，音量會較慢到達最高音量。

2.）Midi用語：在音源機、合成器當中，ATTACK的參數可調整，叫做ATTACK TIME啟動時間，啟動時間的值越大，該音色從一壓下琴鍵到音量最大之間的時間長，聲音聽起來像慢慢大聲起來的感覺；啟動時間值越小，表示從壓下琴鍵到音量最大之間的時間較短，像打擊樂器。

3.）動態處理器用語：啟動時間是屬於封波的參數之一，在動態處理器的使用上，例如在壓縮/限幅器收到一個強力的訊號，機器本身開始進行壓縮/限幅這個動作所用的時間，就叫啟動時間，通常處理突波時，啟動時間要愈短愈好，因為如果啟動時間大於突波訊號發生的時間，那麼根本起不了任何作用。

ATTENUATE = ATTENUATION 衰減

訊號的電平或震幅減小稱之為衰減，其測量單位為dB。

AUDIO 音響
AUDIO音響是拉丁文"我聽到了"的意思,音響泛指所有可以聽到的聲音;超音波、無線電頻率訊號,影像訊號不算音響。

AUDIO FREQUENCY = AF 音響頻率
人類可以感覺到的聲音頻率,大約20Hz到20kHz。

AUREAL 3D = A3D
3D SOUND專利技術最早由CRYSTAL RIVER工程公司研發,後來成為AUREAL半導體公司子公司的高科技,可惜,目前已經倒閉。AUREAL 3D曾發佈很多聲明,他的網站說『因為在現實生活中,可以用雙耳聽到三度空間的聲音,我們一定能從兩個喇叭發出同樣的效果』,但是,不可能!這個誇張的言辭,是一個有瑕疵的邏輯。我們的雙耳是從每一個可能的方向接收到聲音,就是從每一個可能的方向才能營造出三度空間的感覺,這個沒有問題,有問題的是,如何讓我們的雙耳只從兩個方向接收聲音之後,把他變成三度空間的感覺;這個問題很大,AUREAL公司聲稱已經解決這個問題,但是還等不及他們發佈,AUREAL 公司已經倒閉了。

AUTOLOCATOR 自動指定位置
錄音機或其他錄音設備可以儲存指定位置的功能,以便這些錄音內的指定位置可以在將來被回復使用。例如:儲存某樂句的開頭為指定位置,重疊錄音結束後,可以自動回帶到該位置,以便再做重疊錄音。

Automatic Attack & Release 自動觸發時間與釋放時間
壓縮器用語,壓縮器的自動觸發與釋放設計,典型的就取決於觸發電平和當下訊號電平相差值改變速度的快慢,如果改變速度快,觸發與釋放的反應會快,如果改變速度慢,觸發與衰弱的反應會慢,其結果就是相對的比快速改變反應更快,相對的比慢速改變反應更慢,可以很有效的減少唐突反應及失真。

Automatic Mic Mixer 自動控制麥克風混音台
自動控制麥克風混音台是一個特別的混音台,可以解決現場擴音系統中,多隻麥克風一起使用的問題，例如：會議室、教室、法院、教堂等系統，自動控制麥克風混音台現場控音的方法是：將發言者使用的麥克風音量開大，將沒發言者使用的麥克風音量關小，他是利用人聲觸發，即時反應的處理方式，不需要調音工程師。

AUTOMATIC GAIN CONTROL = AUTOMATIC VOLUME CONTROL = AGC 自動增益控制

AUTOMATION = AUTO MIX 自動混音

為什麼要有自動混音的功能？簡單來說，因為人只有兩隻手，但是錄音很少不超過兩個音軌的，這麼多的音軌都需要進行混音調整，而且多半是同時進行！有了自動混音功能的幫助，就可以分別將各音軌的混音動作給記憶下來，最後再一起播放出來，甚至還能夠進行自動混音的編輯，讓混音更精確。

自動混音功能，還能夠讓您記錄同一軌中的效果器變換，如此，您就可以很方便地重覆使用它內建的效果器。例如說，您在同一軌前後錄進了主奏Lead吉他與節奏吉他，您就可以用自動混音功能，在節奏吉他時使用較溫和的多重效果，而到達主奏吉他表現時，自動切換到強烈的OVERDRIVE破音效果。

自動混音系統可記憶推桿位置，各聲道ON或OFF，等化器的調整，音場位置及輔助輸出的改變等，均依照時間碼，它可以在回復場景記憶之後，利用等化器，效果器，動態處理器及聲道資料庫來改變程式，均由錄好的時間碼來決定。也可以錄下一段節目個別編輯，也可用不同的方法做聲道設定，可以切入以便微調一個特別的參數，或用事件編輯家EVENT EDITORS調整時間碼位置，聲道設定或做場景及資料庫的變更。

AUX SEND 輔助輸出

AUX是Auxiliary輔助的縮寫，是一種額外的訊號線路設計。一般的音響器材上，除了正式的輸出與輸入端子之外，還會配備幾個標有AUX的輸出入端子，做為輔助預備用，例如做額外的聲音輸出或輸入。這種輔助輸出，我們稱為AUX或AUX SEND 輔助輸出，輸入我們稱為AUX RETURN。

以混音機為例，除了主要混音輸出聲道之外，還有其他輸出，例如：外接效果器的輸出端子，或是把聲音送給舞台上的監聽喇叭，因此混音機還會備有AUX輔助輸出端子。面板上AUX這些旋鈕用來控制MONO及立體聲道的訊號分送至輔助輸出的電平大小，但它們的控制並不一定會影響主輸出。所以這些輔助輸出可用來當作演出者的監聽，外接迴音機或喇叭系統。

AUX數量多寡依機型而異，通常有六個，AUX 1和2的訊號，通常在EQ後，推桿前，因此不被推桿控制，適合接舞台監聽或控制室監聽喇叭，這些需要獨立調整的系統。AUX 3和4的訊號，通常在EQ及推桿之後，但也可以按下PRE（PRE FADER SEND）鍵切換成推桿之前。AUX 5和6的訊號在EQ和推桿之後，因此將被推桿控制，通常用來接效果器。按下靜音鍵時，所有推桿之後的AUX輸出也隨之靜音。

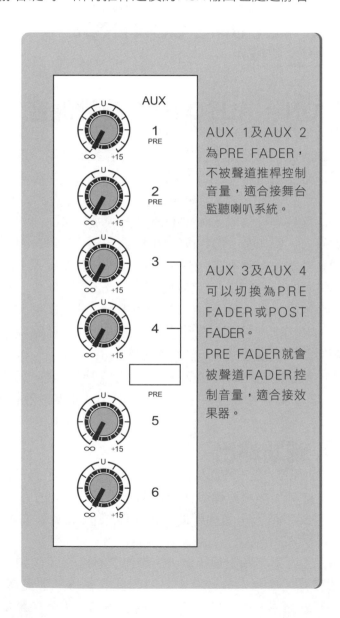

AUX 1及AUX 2為PRE FADER，不被聲道推桿控制音量，適合接舞台監聽喇叭系統。

AUX 3及AUX 4可以切換為PRE FADER或POST FADER。
PRE FADER就會被聲道FADER控制音量，適合接效果器。

AUX SEND

輔助輸出的PRE/POST切換鍵和聲道推桿旁的PFL鍵是獨立控制的，不要混為一談，AUX SEND管的是送去AUX BUS的訊號，聲道推桿旁的PFL鍵管的是各聲道送進控制室或耳機的訊號。

以家用音響為例：前級擴大機除了具備CD、TAPE、TUNER…等輸入端子之外，還會再配備1到2對的Aux輸入端子，當額外的機器要接用時，就可以直接接到標有AUX的輸入端。

AUX輸出可以規劃出更複雜的PA或錄音系統，除了主喇叭之外，還可以只傳送某幾軌的聲音到特定的監聽喇叭。

電子樂器上（如：數位鋼琴）也可能會找到AUX IN的端子，表示該樂器可接受外部的聲音輸入，並可與自己的聲音混合後輸出。AUX輸出入端子的訊號是屬於高電平LINE LEVEL。

AUX RETURN 輔助倒送

混音機用來加入效果的輸入，也可以當作另一種額外的輸入端子。

AVI = AUDIO VIDEO INTERLEAVE

AVI檔案格式為微軟Windows的VIDEO標準。

AXIS 中心軸

麥克風的中心軸就在震膜運動的正前方；喇叭的中心軸就在喇叭的正前方。

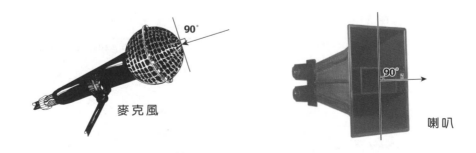

麥克風　　　　　　　　　　　喇叭

AZIMUTH 方位角

錄音機磁頭之磁隙與磁帶行進路徑形成的垂直角度關係。

A WEIGHT / B WEIGHT / C WEIGHT
A加權 / B加權 / C加權

我們使用音壓表測量音源的音量大小，常在音壓表的切換開關上看到A、B或C加權的顯示方法，我們在測量音壓時，到底要用哪一種加權，加權又是什麼意思？

因為人類耳朵對於聲音的自然反應，1kHz以下的低音頻率感應靈敏度比1kHz低，在低音量時這種現象更突顯，（以上比較是人耳實際聽力和儀器測量結果之比，所以儀器為了能測到更接近人耳感應的結果，必須要衰減音壓表對某些頻率的靈敏度以獲得較實際的數據），A、B、C加權的使用方法如下：

　　A加權功能較適合測量較低音壓的音源，例如：背景噪音

　　B加權功能較適合測量中音量音源

　　C加權功能較適合測量大音量音源

依美國國家標準局 ANSI S1.4-1971規定依A、B、C加權功能各頻率衰減規定如下表：

■三個標準音壓表加權曲線

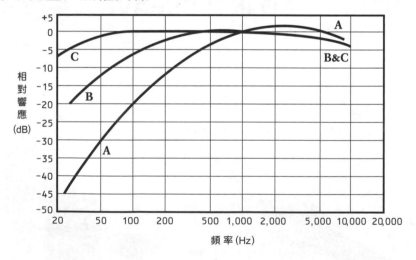

音壓範圍 dB	建議使用加權方式
20～50	A
55～85	B
85～100	C

加權曲線應用

dB	
140	激烈戰爭的戰場（第二次世界大戰）
130	痛苦的音量（距離噴射機15公尺）
120	Rock＆Roll、Disco Pub
110	打雷聲
100	很大聲的古典樂
90	Pub、地下鐵、小孩打預防針的哭聲、醉漢的咆哮聲
80	大聲的古典樂
70	1英呎說話的聲音、繁忙的大街
60	背景音樂、平常會話的音量
50	池塘青蛙的叫聲、30公尺外的交通噪音
40	安靜的曠野、低聲密談
30	耳朵嘴巴的輕聲細語
20	安靜地起居室
10	錄音室裡
0	可聽到的最小音量

A加權平均音壓表

B | X Files
PROFESSIONAL AUDIO

BACKUP 備份
軟體或電腦資料的安全備份。

BAFFLES 聲波隔離板
吸音板防止聲波進入或離開某一個空間。

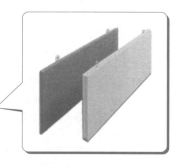

BALANCE 左右音量平衡鈕
BALANCE有數種解釋：

1.）在混音器則控制各該立體聲道訊號送到整體混音輸出左、
右聲道的多寡，可以製造立體音場。

2.）在樂團演奏或錄音時則形容各種樂器及人聲的平衡。

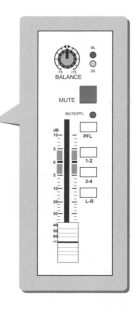

BALANCE CONTROL 左、右聲道音量控制

立體擴大機上的控制旋鈕，順時針轉會
讓右聲道變大聲，逆時針轉會讓左聲道
變大聲。

BALANCED 平衡式

BALANCED平衡式是音響訊號線的一種使用方法，它不採用地線傳送音響訊號。地線
是用來隔離EMI電磁干擾及RFI無線電干擾的。

麥克風輸入端子是平衡式，XLR型的插座，可接受平衡式或非
平衡式的低電平訊號。總之，任何狀況之下，選擇混音機之前
請先確定機器上的插座都是平衡式的，非平衡式的接頭會拾取
干擾訊號，將增加系統雜訊，當然如果您用非平衡式的器材就
無關緊要，但是對平衡式音源卻會加入非必要的雜訊。

平衡式接法是一種音響設備輸出、入端子接線的方法，可以將
訊號的干擾雜訊消除，讓機器可以在低雜訊下工作。

平衡式接線法（如圖A），非平衡式接線法（如圖B），兩者都
可以用，但是幻象電源打開時，請勿再用非平衡式音源設備，
因為從XLR接頭第2、3腳送來的電壓會造成非平衡式音源器材
嚴重的損壞。

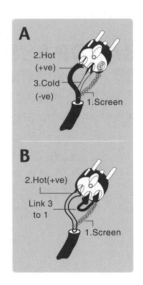

BAND 頻帶

頻帶是由一連串相鄰的頻率組成，一個八度音頻帶表示頻帶的範圍有一個八度音，例
如：220Hz～440Hz，AUDIO BAND音響頻帶就表示20Hz～20kHz。

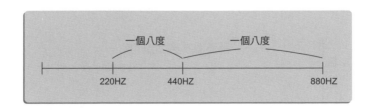

BANDPASS 帶通

濾波器只准設定頻率以上或以下的頻率通過。

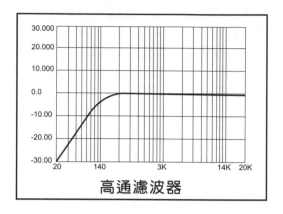

高通濾波器

BANDPASS FILTER 帶通濾波器

帶通濾波器就是有頻帶寬度的濾波器,濾波器作用的範圍可寬可窄,也可固定頻率,其範圍由頻帶寬度決定,其作用為將設定頻率以上或以下的頻率移除或衰減,在頻帶寬度內的頻率則可以加強,最常用在魔音琴作音色修正的利器。

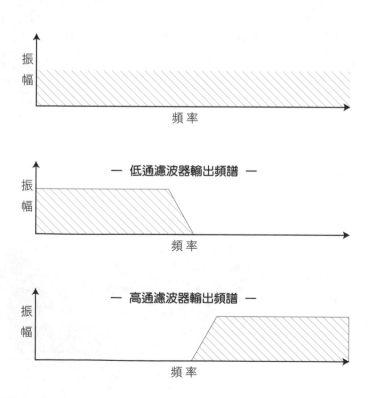

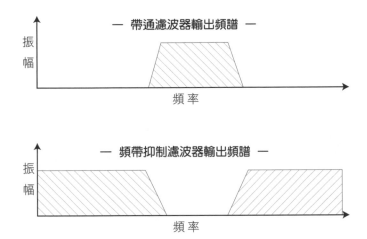

BAND TRACK 樂隊音軌

1.）一首歌未含主唱或合音的混音，俗稱KALA。

2.）也稱做節奏組。

3.）音樂製作中節奏樂器錄音的部份。

BAND WIDTH 頻帶寬度

頻帶寬度是指頻帶當中，最高頻率與最低頻率的寬度，有可能是一音程、兩音程或任何兩個頻率之差，均可稱為頻帶寬度；無線電傳播內容的數量就是由頻帶寬度來決定。利用電路讓特定頻率範圍通過的方式，例如：擴大器、混音器或濾波器都有這種功能，頻率範圍的規定依最大值小3dB為準。

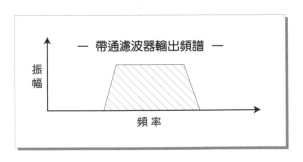

B

BANK 群組

效果器，音源機或合成器中，會將音色分成數個群組，每一群組各有數種音色，一個群組就叫做一個BANK。某些多重效果器，也會將效果分成幾個BANK，通常是4、5個效果為一群組。將音色或效果再分成數個群組的原因，就是讓音色選擇的操作更快速，現場表演會隨時切換音色，時間很緊迫無法慢慢來。

再者，由於MIDI的訊號是以位元BYTE為單位，一個位元僅可表達0～127的數字，MIDI是利用PROGRAM CHANGE這種一個位元的訊息來指定音色的，也就是說，由於MIDI訊號的限制，這個訊息只能指定128種音色。目前的音源機、合成器內建的音色，都遠超過128種，光靠PROGRAM CHANGE這種訊息，無法選到所有音色，因此才利用所謂的群組選擇功能來輔助。

BAR 小節

音樂術語，小節由拍子組成，每一小節有二拍、三拍、四拍，不同的音樂結構。

BAROQUE 巴洛克

巴洛克是一種音樂型態，於1600至1750年盛行於歐洲，其作曲特點為使用半音，樂曲結構嚴謹，善對位。

BARRIER MICKING

一種麥克風擺設的方法，要讓音頭儘可能的接近反射面，以防止相位抵消。

SCHOEPS PZM 麥克風

BASS 低頻

低頻是音響頻率最低的部分，通常200Hz以下稱為低頻，在HIFI音響杜比數位5.1環繞系統中的0.1就是指低頻200Hz以下的部分，通常200～300Hz稱為中低頻。

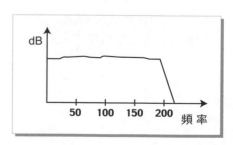

BASS REFLEX 低音反射式

低音反射式是美國JENSEN喇叭公司在1930年代發明的專利,它和密閉式喇叭不同,這種喇叭有通風口,經過後人改良,已普遍用在HIFI及專業喇叭上。

BASS ROLL OFF 低頻滑落

麥克風內建的電子電路,可以在麥克風很靠近音源錄音時,將低音頻率的輸出量減低,以防止近接效應產生低頻過多的現象。見右圖。

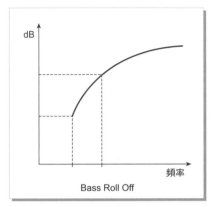
Bass Roll Off

BAUD

數位資料傳送的速度單位,每秒 1 BIT。

BBC =
BRITISH BROADCASTING CORPORATION
英國國家廣播電台

BEBOP 嘻哈

音樂型態,1940年代初期由Charlie Parker、Dizzy Gillespie等人發展出來的現代爵士樂曲風。Dizzy 1945發行"He Beeped When He Shoulda Bopped"專輯,之後就簡稱此類音樂型態為Bebop。

BEL

一英哩電話線所衰減的訊號音量稱為Bel。

BENDING WAVE PHYSICS =
Distributed Mode Loudspeakers = DML
彎曲波原理

喇叭用語,平面喇叭的創新是利用Bending Wave Principal彎曲波原理,它的結構簡單,係由一個小驅動器和一片大而薄的平面組成,驅動器線圈激發整片平面,因為大而平坦的平面,他不會往外或向內移動,他只會彎曲,因此而形成一個彎曲波,這個波形會旅行到全部平面，產生360度聲音的輻射，這和傳統喇叭靠推動空氣來產生聲音的方式非常不一樣，允許一片面板控制絕大數的音響頻率範圍，必須經過小心複雜的設計，使得具剛性又輕薄有彈性的面板，從中頻以上享有很好的頻率響應，因此可以減少很多驅動器及分音器電路。

BESSEL CROSSOVER BESSEL 分音器

分音器的一種，利用低通濾波器設計的特性，取得線性相位響應或稱為最大平坦相位響應，但也會減低帶通頻率的振幅響應，並繼續影響至帶通之內的頻率；LINEAR PHASE RESPONSE線性相位響應（相位偏移和頻率的座標）會產生固定時間延遲的結果（所有在帶通之內的頻率，其延遲時間都一樣），因此，線性相位之價值，是可以產生一個幾乎完美的逐步響應STEP RESPONSE，也就是說突然變化時，訊號電平之間不會發生突然的線性相位變化。

BETA VERSION 測試版

沒有經過完全測試的軟體，可能包含缺陷。

BGM = BACKGROUND MUSIC 背景音樂

演奏的音樂不是主角，是用來陪襯主要事件，或串場，製造一點氣氛。

BIAMP = BIAMPLIFIED = BIAMPLIFICAITON
雙擴大機喇叭系統

雙擴大機喇叭系統：兩音路主動式分音喇叭音箱內裝有中、高音單體及低音單體，分別用兩台不同的功率擴大機驅動，並能個別調整音量。（如右圖）

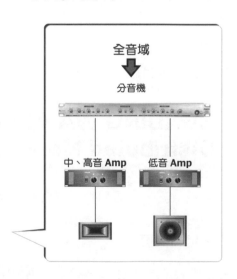

全音域

分音機

中、高音 Amp　　低音 Amp

BIAS 偏壓

高頻率訊號使用在類比錄音中用來改進錄音訊號的正確 ，並且可驅動消音磁頭，偏壓係由偏壓振盪器產生。

BIFILAR WINDINGS 專業音響變壓器繞線技術

音響變壓器（專業音響工業）設計繞線技術，利用雙線並排一起繞，提供重要的 Unity coupling 整體耦合現象，因此可以減低電感的洩漏量至不予計較的程度。

BINARY 二進位

二進位的計數系統，由1及0表示。

BINDING POST

連接喇叭和擴大機的接頭，可以和裸線、香蕉頭或ALLEGATOR CLIPS連接，通常有紅、黑兩種顏色，黑色表示地線，紅色表示火線。

Binding Post 喇叭線接頭

BIOS 基本輸入 / 輸出系統
BASIC INPUT OUTPUT SYSTEM

電腦作業系統的一部分，通常保存在晶片中。涉及電腦最基本的結構。

B

BIT 位元

BITS是二進位數字BINARY DIGITS的縮寫，是二進位數字系統使用的語言，電腦及數位音響使用二進位數字系統的原因，是它們只需要兩個數字：0與1，同時也簡化了電子系統，因為0可以代表無電壓，1可以代表有電壓。

BLANK TOP 光碟空白區域的起點

BLANK TOP是光碟空白區域的起點，要在已燒有歌曲的光碟上再燒新歌時，一定要先找到BLANK TOP點。

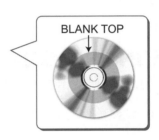

BLENDING

1.) 一種狀況，兩個訊號混合，產生一個聲音或使得聲音只有一個來源。

2.) 混音時，將左右訊號拉近一些使得樂器聲聽起來比較靠近舞台中央。

3.) 混音時，音場調整的方法，樂器聲不是在極左或極右。

BLUETOOTH 藍牙

無線網路協定的名稱，藍牙是生於十世紀的丹麥國王HARALD BLUETOOTH的姓，他統一丹麥，1998年四月被用做無線網路協定的名稱，由英特爾及微軟和IBM、Toshiba、Nokia、Ericsson及Puma Technology結合，這個協定讓網際網路可以無線的方式帶入大眾，使網路可以像廣播電台及電視一樣無所不在，藍牙SIG（SPECIAL INTEREST GROUP）組織，現在已有2000多家會員，世界上很多生產工廠均合作無間的使用藍牙技術成為虛擬的訊號線，請進入他們的網站閱讀HARALD BLUETOOTH的歷史及這個技術的細節。

BLUE WHALES 藍鯨

世界最大的動物，依金氏世界紀錄記載藍鯨能發出最大的音壓，他們的低音頻率脈衝被測出高達188dB-SPL，而且在530miles之外也偵測的到。

BLUMLEIN、ALAN DOWER

（1903-1942）英國工程師，在他15年短暫的工作生命裡，一共發明或合作發明128個專利，他研究發展立體聲；設計麥克風新用法；設計一個側面碟片切割系統，促成現代錄音的可能；致力研究405條高解析度電視系統，直到1986年英國開始廣播；改進雷達系統，使我們在40年後還在使用；一位真正的天才，但是他的事蹟直到1999年才由前AUDIO MEDIA雜誌總編輯ROBERT CHARLES ALEXANDER出版他的傳記之後才公諸於世，ALEXANDER為了紀念他，成立BLUMLEIN個人網站，網站內容包括128個專利資料，還有所有雙耳錄音的記錄（也是BLUMLEIN的發明），係MP3檔案可供世人下載聆聽，還有雙耳電影錄音的片段（世界第一部立體錄音電影）。

BLU-RAY DISC 藍光機

Sony影像錄音光碟的註冊商標可支援HDTV寫讀。

BNC

同軸電線接頭的一種，最常用在專業視訊設備，連接容易，使用BAYONET鎖，傳輸高品質的視訊訊號得以可行，是因為這些接頭係使用於高頻率測試設備，數位音響設備的WORD CLOCK輸入及輸出接頭也使用BNC。

（圖1）

BOOM

1.）手握伸縮桿，前端掛著麥克風，可在電影、電視劇製作時收錄對話，也稱做魚竿
FISH POLE。（如圖1）

2.）麥克風斜架的上半部，有
一節或兩節伸縮式。（如
圖2）

BOOM

（圖2）

BOOST　增強

將聲音或某頻率的振幅加大稱之為
增強，通常適用在特定頻率或某頻
帶。（如右圖）

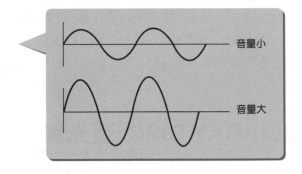

音量小

音量大

BOOST / CUT CONTROL　增強 / 衰減控制

通過濾波器將某頻帶範圍所做的簡單控制功能，將使得該頻帶範圍增強或是衰減，其
控制旋紐的中心位置，通常在十二點鐘方向，旋轉時會有一個停頓的感覺，為無效果
狀態。

BOUNCING　合併

一種錄音的技術，將兩個或更多已經錄好音樂的聲道重新錄到另一個新聲道的技術，
通常使用在多軌錄音機聲道數量不夠時，利用此法可以省下幾個聲道，繼續增加錄音
聲道。

BRICKWALL FILTER 磚牆濾波器

電子訊號，濾波器，例如：低通濾波器、高通濾波器、帶通濾波器等，表現出每八度衰減50dB極端陡峭的衰減比例，成為磚牆濾波器。

BROADBAND 寬頻

也稱為Wideband，比傳統電話線聲道4kHz頻寬更大的傳輸媒體（也有爭論，有人認為Broadband寬頻必須支援到20kHz），最常用到的寬頻傳輸媒體就是同軸數位線，它可以同時傳送多聲道的影音及數據聲道，同軸線利用不同的頻率運送多個聲道，各聲道之間有Guardbands保護頻帶，或空無一物的空間，已確定每一個聲道不會彼此干擾，最常見的例子就是CATV cable有線電視。

BPM = BEAT PER MINUTE 每分鐘幾拍

BPM是BEATS PER MINUTE每分鐘幾拍的縮寫，用來表示音樂的速度。BPM 120，則表示它的速度是一分鐘120拍。

BREATH CONTROLLER 呼吸控制器

呼吸控制器將呼吸壓力轉換成MIDI能控制的資料，用以模擬真實管樂器吹奏的效果。

BRIDGING 橋接

將立體擴大機切換為一台兩倍輸出功率的MONO單聲道擴大機，通常必須把擴大機後面的立體/橋接切換開關，撥至橋接位置，然後將喇叭線接在A/B兩聲道的正極接頭。

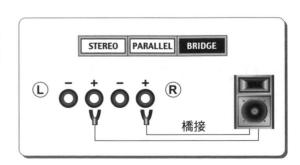

41

BSI =
BRITISH STANDARDS INSTITUTE
英國標準局

BUFFER 緩衝區域
資料傳輸時，輸出或輸入訊息的一個暫時儲存空間。

BUFFER MEMORY 緩衝記憶體
電腦操作使用的臨時記憶體，在電腦執行其他工作時可以防止資料流程中斷。

BULK DUMP
一個MIDI功能可以允許傳送系統特定資料，例如：MIDI設備之間的取樣檔案或混音設定，此被傳送的特定資料將視為MIDI系統Exclusive Messages獨門訊息。

BUS 匯流排
可讓一個或多個訊號傳輸的共用路徑。常見於混音座、錄音座等產品。各音軌的聲音，可同時送至EFX Bus效果器匯流路徑，再一同匯至內建效果器處理。

BUTTERWORTH FILTER BUTTERWORTH 濾波器
一種電子濾波器可以得到最大平坦震幅的頻率響應，也就是說：帶通頻率範圍內將沒有震幅的變化。

B

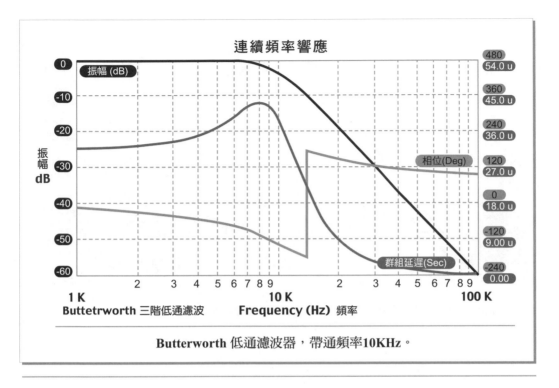

Butterworth 低通濾波器，帶通頻率10KHz。

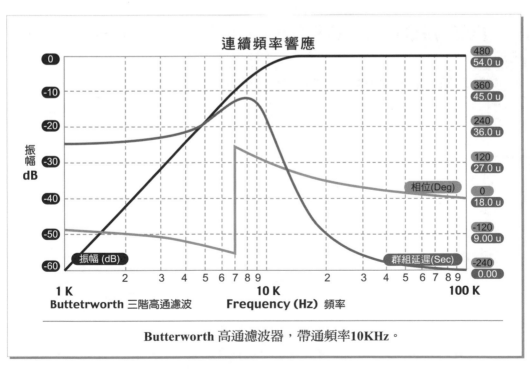

Butterworth 高通濾波器，帶通頻率10KHz。

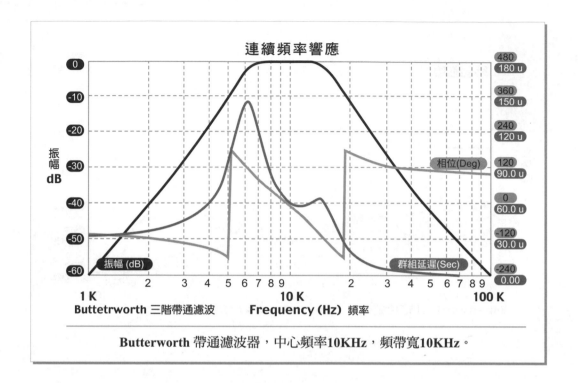

連續頻率響應

Butterworth 帶通濾波器，中心頻率10KHz，頻帶寬10KHz。

BUTTERWORTH CROSSOVER BUTTERWORTH 分音器

依BUTTERWORTH濾波器原理設計的喇叭分音器。

BYTE

數位訊號，一個位元BIT 是最基本的資料元素，也就是0或1的資料。8個位元為一個BYTE。

CABLES 線

音響系統使用很多不同型態的線，詳述如下：

《網路線》

■ CATEGORY CABLES 資料傳輸分類線

為電磁通信傳輸資料線材使用的分類及標準，這些是線及接頭的分類標準，最早一共有五類線，如今只使用第三類線CAT 3及第五類線CAT 5。

■ CAT 3 = CATEGORY 3 CABLE 第三類線

無蔽屏雙絞線編織（UTP）資料傳輸分類線（通常為 24AWG），CAT 3為第三類線，支援16 MHz及10Mbps速度的設備，最常用在電話線及10Base-T Ethernet網路系統。

■ CAT 5 = CATEGORY 5 CABLE 第五類線

無蔽屏雙絞線編織（UTP）資料傳輸分類線（通常為24 AWG）， CAT 5為第五類線，因為訊號幅射及衰減的因素，最長只能拉100米，CAT 5支援100 MHz及10 Mbps速度的設備，最常用在100Base-T Ethernet網路系統。【根據 ANSI / TIA / EIA-568-B，CAT 5 已經改稱為CAT 5e】

《數位音響線》

■USB 線

USB是一種高速串聯傳輸的約定，可以允許最多（理論上）127個熱拔插週邊設備以DAISY-CHAIN形式連接。USB設備可以熱拔插，不需要重新啟動電腦，廣為現代PC、Apple iMac及週邊設備（印表機、隨身碟等）採用。最初由Compaq、Digital、IBM、Intel、Microsoft、NEC及Northern Telecom聯盟於1995年三月提出，現在已成為電腦標準連接器，目前已研發成兩個規格：USB1.1（傳輸速度2MB/秒）及USB2.0（傳輸速度480MB/秒）。在數位錄音領域中，USB2.0可以一次傳達取樣頻率為44.1KHz八軌，或96KHz四軌的音樂訊號。

■COAXIAL CABLE 同軸電線

單一的銅導線，由一圈厚實的絕緣體包圍起來，在其外部又包了一圈厚厚的銅質蔽屏線及塑膠外皮，是一種非平衡式固定阻抗的傳輸線。

■FIBER OPTICS 玻璃纖維光纖線

利用玻璃纖維量度光及調變訊息的科技，長度50米以下，可用塑膠纖維線，長距離一定要用玻璃纖維線。

■AES/EBU 線

詳第11頁。

《視訊線》

■HDMI 線

目前AV市場最高解析度的聲音及影像的介面，適用於High-End等級的DVD播放機、HDTV、AV諧調環繞擴大機等；HDMI由Hitachi、Panasonic、Sony、Silicon Image、Thomson及Toshiba等公司合作研究，其傳輸的是像水晶一樣清晰的全數位、高解析度的影像及多聲道音響，是LCD顯示幕、電漿電視及相關產品

HDMI
數位HDTV線

C

數位訊號連接的標準，只要一條線就能傳送完整的影音訊號，並且和DVI完全相容，因為它可以傳送：

1.）高解析度未壓縮的影像資訊。

2.）壓縮或未壓縮的多聲道音響。

3.）智慧型格式轉換及指令資料。

■COMPONENT VIDEO CABLE 色差分離線

色差分離線的解析度比S-Video及Composite Cable更好，最新的影像設備如DVD電漿電視、大部分的電視、錄影機、DVD、衛星接收器、LCD電視及HDTV等都有此設備。Component Video Cable將影像訊號分成三個不同的影像資訊，才能獲取最高的畫質。

■COMPOSITE VIDEO CABLE　A/V線

一個視訊訊號結合光度、色彩及同步資料，使用一條同軸線傳輸，為RCA黃色接頭。它不像色差分離線及S-Video線，一定得在同一聲道內傳輸全部的訊號。

■S-Video CABLE　S端子線

在Super VHS放影機、新的TV、DVD及衛星接收器都附有高解析度的S-Video線插座，它把影像訊號分成顏色、亮度兩種傳輸，以取得高品質的畫面。

《麥克風線》
■MIC CABLE 麥克風線

具蔽屏雙絞線編織，應付低電流、高柔軟度及低使用噪音；最好的絕緣物質通常都不具彈性，因此大多數麥克風線使用橡膠、尼奧普林（合成塑膠）、 PVC或類似物質，使用直徑較細的導線，因此，麥克風線並不適合長距離使用。

■QUAD MIC CABLE＝STAR–QUAD MIC CABLE＝QUAD 麥克風線

一組四條導線具備低噪音及低哼聲拾取的特性（可以比標準麥克風線的哼聲衰減30dB）；四條導線捲成螺旋形，四條導線的兩端才一起接到接頭上，形成一種雙導線平衡式線。

《其他》

■SPEAKER CABLE 喇叭線

一對具絕緣包裝無蔽屏的線，通常非絞線編織，使用直徑較粗的導線，（因為阻抗較低），用來連接擴大機輸出及喇叭輸入，擴大機和喇叭之間可以直接連接或經過變壓器（請參考恆壓輸出一節）。上節所說明的STAR QUAD線也是很好的喇叭線，可用在噪訊很強的環境。

■TWISTED–PAIR 雙絞線

標準銅導線，雙絞線編織，通常用作非平衡式的連接，有些有蔽屏SHIELDED；UTP為UNSHIELDED TWISTED-PAIR的縮寫，STP為SHIELDED TWISTED-PAIR的縮寫。

CAPACITANCE 電容

可儲存靜電的電子零件。

CAPACITOR MICROPHONE
電容式麥克風

電容式麥克風（見右圖）利用測量電流經過電容的改變值，來反應音壓的大小，其電極只是一片薄薄的導體（見下圖）。

CAPSULE 震膜

1.）電容式麥克風中會改變電容的部分。

2.）麥克風裡面包含震膜及主動元件的部份。

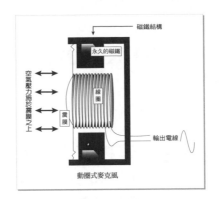

CARBON MICROPHONE 碳粒式麥克風

碳粒式麥克風是最早發明的麥克風之一，碳粒式麥克風阻抗低，頻率響應狹窄，很容易失真，並不是高品質的麥克風，但是電話筒還在用這種麥克風，所以下次您聽電台Call-In節目，激動的觀（聽）眾打電話進來的音質不好，您就知道原因了。

CARDIOID 單指向心形

CARDIOID就是心形的意思，心形麥克風就是單指向麥克風，對正面音源最靈敏。

90度、270度側面靈敏度將少6dB，理論上180度應該是完全不接收，但是實際錄音環境會有天花板與牆壁的反射音進入麥克風的靈敏地區，也會收到一些反相音源。

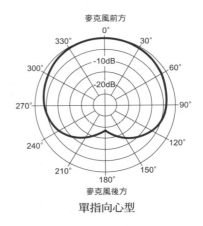

CASCADE

CASCADE是一種在兩個設備之間整體傳送資料的術語，例如：副控混音機將其立體主要輸出送給主控混音機的某組輸入（將副控混音機立體主要輸出內容由主控混音機照單全收），或專業卡座、專業CDR/CDRW燒錄機可以多台連續錄音、放音或同步錄音者接稱為CASCADE。

CATV =
COMMUNITY ANTENNA TELEVISION =
CABLE TELEVISION 有線電視

寬頻傳輸媒體，使用阻抗75 Ω 的同軸線，可以同時傳播很多電視節目頻道。

CD-R = CD-R BURNER 可燒錄式CD

可以錄音的CD，但是只得錄一次，不可消音，也不可重錄。

CELSIUS 攝氏（爲°C 之縮寫）

溫度計量的方式，正常大氣壓力下，以0℃ 爲冰點，100℃ 爲沸點。

CE-MARK =
Conformite Europeenne

文字商標用來證明商品符合歐盟的規定，可在歐盟國家行銷。

CENTER FREQUENCY 中心頻率

如果有一種等化器，其頻率可以像收音機的選台器一樣，
提供選台的功能的話，就可以更精確的找出問題頻率，迅
速解決問題。中高等級的混音器其中頻就提供這種好用的
功能，通常是由兩個旋鈕或子母鈕來操作，第一鈕選擇中
頻頻率，大約從 100～8000Hz，第二鈕是增益衰減大約 ±
12～15dB，Q值也是固定值，子母鈕則是由大小兩個同心
圓圈組成一個旋鈕，小圈負責選頻率，大圈負責增益衰
減，這樣的設計是節省空間，使混音器體積可以小一點而
已，功能則相同。高級的混音器更具有四段式等化，其中
高頻及中低頻均可以選擇中心頻率，提供了更多的方便。

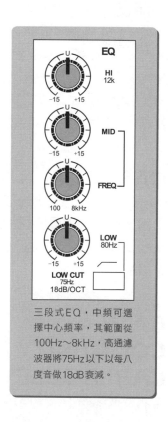

三段式EQ，中頻可選
擇中心頻率，其範圍從
100Hz～8kHz，高通濾
波器將75Hz以下以每八
度音做18dB衰減。

CHAMBER

1.）一種迴音室，室內空間由堅硬的建材及互不平形的表面組成，內有喇叭及麥克風，因此當混音機經由喇叭送進來未被處理過的聲音時，麥克風接收之後，又送入混音機再放出來，這樣即產生前面訊號的一種殘響，可以在混音機裡和未被處理過的聲音混合。

2.）效果器中延遲／殘響雙效果的一種程式，係模擬迴音室Echo Chamber的效果。

CHANNEL 頻道／聲道

CHANNEL 的解釋有很多種：

1.）以MIDI來説，指的就是MIDI訊息傳輸時的頻道。不同的MIDI訊號，用不同的頻道傳輸，可以獨立操控，共有16個頻道CHANNELS。MIDI音源器可以同時發出多種樂器的聲音，從MIDI編曲機送給音源機的MIDI訊號，能分別指揮不同樂器的演奏，就是利用不同的MIDI頻道，將每種樂器的MIDI訊息獨立傳送。

2.）以音響AUDIO來説，CHANNEL指的是混音機上的一個聲道，用來輸入音源，控制音色及輸出訊號等內／外部傳輸的控制組件。

CHANNEL STRIP 聲道參數條

混音器專用語，用來對單一聲道進行操控參數設定的工具，從輸入增益INPUT GAIN旋鈕、等化器EQ旋鈕、輔助輸出AUX SEND旋鈕、到音量推桿的一條操作參數，每一條就叫做一個聲道參數條CHANNEL STRIP。（如右圖）

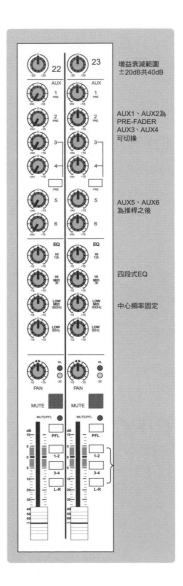

CHORD 和弦

兩個或更多音符的組合，一起彈奏，叫做和弦。

CHORUS

1.）歌曲中每次重覆相同音樂與歌詞的部分，叫副歌 CHORUS，是歌曲的主題。

2.）一個合唱團體有很多歌者。

3.）這是一種數位效果，將音色的音準稍微調降一點，加上延遲效果後，再和原始音
   疊在一起發聲，讓聲音更寬厚真實。

CHROMATIC 半音階

每個調子的音階共有 12 個半音。所謂的 CHROMATIC TUNER 半音階調音器，指的就
是能夠對所有 12 個音都能進行偵測、反應的調音器。

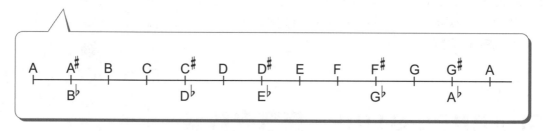

CIRCUIT BREAKER 斷路器

一種電子開關，如果經過的電流量太高時，會自動截斷電路，電流量恢復正常之後可
以手動回復，其功能就像保險絲一樣，但是卻不必更換保險絲。

CLICK TRACK　CLICK　錄音軌

多軌錄音進行之前，錄音師會將錄音帶其中一軌錄下節拍器的節奏，幫助音樂家於演奏時，維持正確而穩定的拍子。

CLIPPING　削峰

如果一個訊號經過擴大機或其他電子器材，當這些器材無法匹配訊號的最大電流需求，該訊號振幅的上簷、下檻就會被削平，削峰失真的訊號將包含有大量的諧波失真，聲音也變得很粗糙難聽。

削峰失真發生時，您立即就可以從喇叭中聽到。許多人常

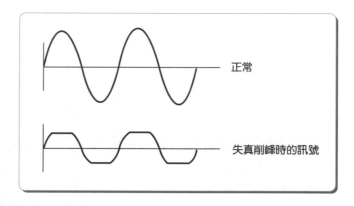

正常

失真削峰時的訊號

說，這個喇叭中高音聽起來很差，其實毛病就出在擴大機上，因為喇叭只負責重播那些輸送給它的訊號，它不管訊號本身是否失真。

削峰失真也是損壞喇叭常見的原因之一，因為削峰失真發生時，高頻的音量往往超過了高、中音單體的承受功率，所以就冒煙報銷了！所以您必須確定擴大機需要有比平均使用功率夠大的功率才行。

CLOCK

數位訊號的傳送與接受當中，要以多久的間隔時間來抓取或送出一個單位的資料，是以CLOCK來指定的。

數位器材中一定會有時脈產生器的元件，這個元件會定時產生一個電壓脈衝，中央處理器或其他數位處理單元將隨著這個時脈來進行處理動作。

簡單地說，數位器材要有CLOCK的控制，才能精確地處理數位訊號。假設兩台互相連接的數位器材，彼此的CLOCK不相同，就會造成其數位訊號傳送上的失誤。

CLONE 克隆

真正的複製，通常指的是數位格式與數位格式的複製。也是複製羊等的通稱。

CLOSE MIKING 近距離收音

以極近的距離收取人聲或樂器聲，以便儘可能的減少不想要的其他聲音，當然極近的距離造成了近接效應（臨嘴效應），應選用具有低頻滑落功能的麥克風，方可平衡低頻過度的現象。

CMRR =
COMMON MODE REJECTION 共模互斥現象

各聲道的輸入均為平衡式，每個訊號都有分別的正訊號和負訊號線及一差動輸入放大器（DIFFERENTIAL INPUT AMPLIFIERS）的設計使得這些線上感應到的干擾互相抵消，因為正、負兩訊號線跑得非常近，所以這兩條線會感應到相同的干擾，而差動放大器只放大這兩條訊號線上不同的訊號，因此任何同時出現在正、負兩條線上一樣的訊號（即雜訊）都不會被放大，這就是大家耳熟能詳的「共模互斥現象」。

就產品的規格來説，CMRR代表噪音隔離能力的表現。

COAXIAL LOUDSPEAKER 同軸喇叭

同軸喇叭是兩音路喇叭，其高、低音單體合為一體且中心點在同一條線上，通常高音單體為號角式，同軸喇叭的優點是完全模擬點音源的發聲方式。

COINCIDENT MIC TECHNIQUE
同位立體麥克風技術

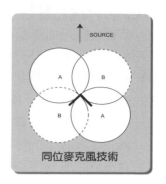

同位麥克風技術

最常用作立體錄音的立體麥克風技巧就是同位麥克風技術，同位表示聲音同時間到達兩個麥克風，麥克風放在同一平面並且靠得很近，因為在同一點收音，它們沒有時間差，沒有相位的問題，沒有頻率抵銷的狀況，兩個麥克風呈90度直角朝向音源且為單一指向性，現代同位麥克風系統經常使用心型或超單指向式麥克風。

COMB FILTER 梳形濾波器

訊號處理中，梳形濾波器在原始訊號加上一個自己被延遲的訊號，藉以造成建設性與非建設性干擾，梳形濾波器的頻率響應包含一連串同間距的頻率訊號，看起來橡梳子而得其名。

聲學處理中，實際的例子，例如：室內空間兩個喇叭距離聆聽者不同距離，播放相同訊號時，就會產生梳形濾波現象，在任何密閉空間裡，觀眾聽到的是音源直接音與其反射音的結合，因為反射音行走的路徑較遠，是直接的延遲版，當兩個聲音到達觀眾時，就會產生梳形濾波效應。

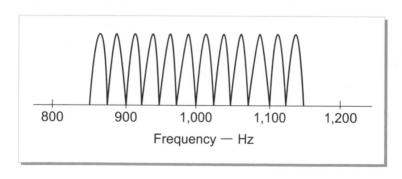

COMPANDER 壓縮擴展器

壓縮擴展器是壓縮器與擴展器的組合。擴展器會將超過觸發電平的輸入訊號衰減，動態響應強的節目，壓縮擴展器可以保持原有的動態響應，不必擔心輸出訊號是否過載而產生削峰失真。

COMPRESSION 壓縮

1.）音響：將類比音響訊號減低其動態範圍的一種處理方法，通常是將大聲的部分變小，而小聲的部分變大。

2.）資料：為了儲存或傳輸的目的將數位資料打包縮小的處理方法。

3.）音響/視訊檔案：為了增加儲存或傳輸的效率，暫時或永遠減少音響資料的處理方法。暫時減少檔案尺寸的方法叫"NON-LOSSY"壓縮，而且資料沒有損失；永遠減少檔案尺寸的方法叫"LOSSY"壓縮（例如：mp3檔案），會將一些不需要的資料移除，永遠不能回復。

COMPRESSOR / LIMITER 壓縮器 / 限幅器

壓縮器可以將訊號的動態範圍減少，例如：動態範圍110dB的輸入訊號，經過壓縮器後再輸出時，新的動態範圍變成70dB，壓縮器利用VCA（電壓控制擴大器），其增益是控制電壓的函數，控制電壓是輸入訊號動態內容的函數。最初，壓縮器只用來減少全部訊號的動態範圍；第一個經典的例子：'20年代末'30年代初期，錄音師在錄音的時候發現電影的錄音，唱片的錄音，廣播電台音響訊號超過各儲存媒體的限制，例如：現場交響樂的動態範圍很輕易就到達100dB，早期錄音與廣播媒體都有動態範圍被限制之苦。

一般媒體	黑膠唱片	卡帶機	類比磁帶錄音機	FM廣播	AM廣播
工作的動態範圍	65dB	60dB（使用噪音消除功能）	70dB	60dB	50dB

半斤的塑膠袋怎麼裝的下一斤的包子？壓縮器就因此而誕生，早期的壓縮器沒有觸發電平的旋鈕，使用者需要設定一個中心點去相等於輸入訊號期望的動態範圍，然後壓縮比就可以決定壓縮動態範圍的量，譬如說：110dB 衰減為70dB 需要設定壓縮比為1.6：1（110/70 = 1.6），　理解壓縮器原理的關鍵，是要永遠想著在某一設定點將訊號增加或減弱多少dB，壓縮器會讓音響音量的增益衰減值變小；

從以上我們的例子，其設定參數是：

輸入訊號比中心點高1.6dB時，輸出訊號只增加1dB，

輸入訊號比中心點低1.6dB時，輸出訊號只減弱1dB，

如果輸入訊號比預設點高x-dB，輸出訊號增加y-dB，

輸入訊號比預設點低x-dB時，輸出訊號減弱y-dB，

x/y 等於壓縮比。

這種輸入訊號比預設點高而輸出訊號高一些，及輸入訊號比預設點低而輸出訊號低一點的觀念，簡單說就是"壓縮器讓大聲變小聲小聲變大聲"；如果音響輸入音量變大1.6dB，而輸出音量只變大1dB，這是大聲，變小聲；如果音響輸入音量變小1.6dB，而輸出音量只變小1dB，這是小聲變大聲（因為他沒有衰減那麼多）。這是很重要的觀念，隨著時代進步，錄音、後製、廣播界在壓縮器的使用方式，已從衰減全部訊號演進到只改變某些被選擇的部分，因此，才有觸發電平控制的需要，音響工程師設定一個觸發電平點，讓所有低於觸發電平的音響部分全部不受影響，高於觸發電平的音響部分全部依設定壓縮比壓縮；現代壓縮器的使用是將最大聲的訊號衰減，壓縮器也可以有其他的功用，例如：和麥克風及拾音樂器一起使用時，壓縮器壓縮特定的頻率與波形，可幫助我們決定最後的音色，例如：平衡鼓組的音量，增長吉他的延音，諧調平順的人聲，在混音中將特定的音響顯得更突出等。

CONCERT PITCH 音樂樂器調音標準

音樂樂器的調音標準，在1960年由國際社會承認，中央C之前的A音符其頻率為440Hz，調音時用的中央A其頻率亦為440Hz。

CONDENSER MICROPHONE = Capacitor microphone = Electrostatic microphone 電容式麥克風

1916年Wente發明的電容式麥克風，其設計是將一張非常薄的震膜安裝在一片金屬碟片（背板）上，兩個表面非常接近，產生一個電容器的功能，電容量將因為音壓改變而變化。任何音壓的改變會造成震膜的移動，改變了兩個表面之間的距離，如果電容器事先有充電，這個動作會改變他的電容值，如果電容值固定，背板電壓改變和音壓成正比，為了取得固定的電容值，電容式麥克風需要外接幻象電源才能工作，幻象電源可從麥克風前極放大器或混音機取得。

Superlux大震膜手握式電容麥克風PRO-238。

Superlux大震膜三指向電容式麥克風CM-H8CH。

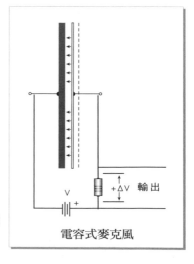

電容式麥克風

CONDUCTOR 導體

會導電的物質是和電子電路連接的介面。

CONE OF CONFUSION 錐體混淆

聽覺用語，人耳在自己耳廓中心軸聽到的聲音，會很難判斷它的定位，因為頭擋住這個聲音到達另一隻耳朵（或者聲音被衰減很多，使得大腦不能辨識而忽略他），聆聽者可以知道聲音從哪個方向而來，但是無法判斷它的遠、近、高、低，從前方或後方傳來的聲音也有相同現象，因為音源以相同音量，相同方向到達我們的每一隻耳朵，以致造成定位的混亂；如果雙耳無法分辨聲音的差別，我們無法正確地找到音源的位置（遠、近、高、低）。

CONFIDENCE MONITORING 錄音監聽

直接從錄音媒體監聽錄音結果，以確定節目已正確的錄製完成。類比錄音機（三磁頭）可以馬上經由放音頭監聽由錄音頭錄下來的節目，這叫做 CONFIDENCE MONITORING；但是錄音頭和放音頭共用的錄音機（俗稱二磁頭）就無法做 CONFIDENCE MONITORING，ADAT一定要四磁頭才可以。

CONNECTOR 接頭

音響器材使用很多種接頭，詳述如下：

■BANANA JACK 或 BANANA PLUG 香蕉頭

單一導體電子接頭，形狀像香蕉，最長使用在功率擴大機與喇叭的連接，通常會有紅、黑兩色的標示，做為測試音響器材的接頭非常方便；英國音響界則稱之為GR接頭，因為是GENERAL RADIO公司發明的。

■BINDING POSTS

擴大機後面板喇叭線接頭的一種，由可旋轉的內、外殼組成，首先將外殼轉開，把喇叭線插入內殼的洞內，再將外殼順時針轉緊，壓住喇叭線即可。或者用香蕉頭直接插入BINDING POST後面的洞也可。

Binding Post 喇叭線接頭

■BNC

同軸線使用的一種接頭，可以旋轉鎖定，用做專業視訊或S/PDIF數位音響線的接頭。

■CANNON CONNECTOR 或 CANNON PLUG

XLR接頭的另一種稱呼法。

■DIN CONNECTOR

歐洲常採用的音響接頭，MIDI電腦音樂也用DIN接頭（5針）傳達訊號。消費者市場使用的多腳訊號連接格式，也用在MIDI訊號傳輸線，各腳各司所職。

■ELCO CONNECTOR or ELCO PLUG

AVX ELCO公司販售的數種接頭之一，可同時傳送多軌音響聲道，最常用在錄音室做類比及數位多軌錄音工作。其中一個接頭，編號8016，具有90個接腳，28對含有屏蔽線的音響聲道，每聲道三條線（正、負及屏蔽），是平衡式連接系統。

■EUROBLOCKS＝EUROPEAN STYLE TERMINAL BLOCKS

一種特殊的可拆除或連接的接頭，由兩個零件組成，插座是永久安裝在設備上，插頭可以做平衡式及非平衡式連接，使用旋轉的方法鎖定位，和其他接線法不一樣之處，是拆除設備的方便 ，只要轉開接頭就可以分離線與器材，不必一條線一條線拆。

■RCA = PHONO JACK

美國RADIO CORPORATION of AMERICA（RCA）公司原始在
30年代設計這種接頭，是為了收音機及電視內部電路板的接
線使用，後來唱盤接前級擴大機也愛用，因為它不貴，又容
易安裝（至少比唱頭的單線容易多了，當時為MONO音響，
用單導體屏蔽線就夠了）。現在為標準高電平消費者產品，
視訊訊號，非平衡式數位訊號傳輸的標準接頭。

■Speakon®

Neutrik公司的註冊商標，原始設計為喇叭接頭，現在已成為工業標準。
最常使用NL2FC、NL4FC、NL8FC，NL2FC有兩個接點（＋1、-1），可接一個喇
叭。NL4FC有四個接點（＋1、-1、＋2、-2），可以接一個喇叭或兩個喇叭單
體，NL8FC有八個接點（＋1、-1、＋2、-2、＋3、-3、＋4、-4），最多可以接四個
單體，最適合主動式分音系統接駁喇叭及擴大機。

NL2CF　NL4MMX　NL4MP　NL4FX　NL4FRX　NL8FC　NL8MPR　NL8MM

■TERMINAL STRIPS or TERMINAL BLOCKS

也稱為BARRIER STRIP，接線接頭型式的一種，要用
螺絲鎖緊，用於平衡式及非平衡式接線接頭，每條
線通常會裝上U型接片，用螺絲鎖緊，不再拆卸或不
可拔叉，已變成美國式接線法。

■ 1/4 " TRS (TIP-RING-SLEEVE) 立體6.3mm頭

立體 1/4" 接頭包含TIP（T）【訊號】，RING（R）【地線】及 SLEEVE（S）【屏蔽】，其T=左，R=右 and S=地線/屏蔽。

立體 1/4" 接頭包含TIP（T）【訊號】，（R）【地線】及 SLEEVE（S）【屏蔽】適合平衡式接線。插入點迴路接頭其T=輸出，R=倒送，S=地線/屏蔽。

■ 1/4" TS (TIP-SLEEVE) MONO 6.3mm頭

MONO 1/4" 接頭包含TIP（T）【訊號】及 SLEEVE（S）【地線及屏蔽】適合非平衡式接線。

■ 1/8" TRS

適合隨身聽、ipod、耳機等立體音源。

■ 1/8" TS

適合MONO音源。

■ 3/16" TS

適合做系統控制線接頭。

■ XLR

1.) 原始為ITT-Cannon公司的註冊商標，原始型號為Cannon公司發明的三接腳圓形接頭，現在為工業標準。很久以前Cannon公司發明的圓形大接頭，連接麥克風很受歡迎，叫做P系列（現在為EP系列）。麥克風用的是三接腳的P3型式，某些喇叭用P4或P8型式。 為了麥克風市場想要一個尺寸較小的接頭，Cannon公司發明UA系列，係 "D"字形，曾用在Electro-Voice 666及654麥克風上，但市場上有尺寸更小的需求，有人寄望於圓形但較小的Cannon X系列，問題是X系列接頭沒有附鎖頭LATCH，麥克風常常因為連接不牢而掉落，Cannon公司重新設計接腳並加上鎖頭，因此就誕生了XL系列（X系列加上鎖LATCH），這就是被廣為複製的麥克風接頭，後來Cannon公司修改母頭，將接觸點置入一個有彈性的橡膠（RUBBER）座內，他們就稱此新系列為XLR系列。

X 接頭 + LATCH 鎖頭 + RUBBER 橡膠頭 = XLR

2.）音響設備連接數位及類比平衡式訊號的標準接頭。

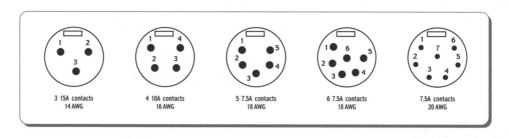

3 15A contacts 14 AWG　　4 10A contacts 16 AWG　　5 7.5A contacts 18 AWG　　6 7.5A contacts 18 AWG　　7.5A contacts 20 AWG

CONSTANT DIRECTIVITY（CD）HORN
恆指向號角

裝在號角喇叭上的高頻率驅動器，在水平方向可以保持一個固定高頻率的輸出分佈；係利用特殊號角設計來解決傳統高頻率驅動器輸出內容，會因頻率高而發生不同頻率響應的問題，所有CD號角喇叭在2kHz至4kHz會發生高頻率滑落，大約每八度6dB，固定的等化增益線路可加以補償，即為著名的CD HORN EQ電路。

CONSTANT Q EQUALIZER =
CONSTANT BANDWIDTH　固定Q值等化器

等化器用語，Q值與頻帶寬為一體的兩面，主要針對特定頻率在增益/衰減時，其鄰近頻率被影響程度的控制，固定Q值表示其特定頻率之增益/衰減均保持固定頻帶寬的影響程度。

CONSTANT VOLTAGE　恆壓

CONSTANT VOLTAGE恆壓名詞最早出現於1920至1930年之間，於1949年成為美國標準，主要規範音響廣播系統中功率擴大機與喇叭連接的介面規格。安裝音響廣播系統的場所包括辦公室、工廠、學校等需要大量喇叭播音的地方，其設立標準之準則是希望簡化複雜的音響系統，並且降低成本；降低成本的一種方式是減少銅導體的使用量，最簡單的方式是減小銅導線的直徑，比照電力公司遍佈全國的電話線設計，可以利用變壓器將擴大機輸出電壓增壓（其輸出電流將相對的降低），使用這個較高的電壓利用較細的銅導線做長距離的傳送（電流降低可用較細的銅導線），然後每個喇叭再利用另一個變壓器將電壓降回來，這個聰明的辦法就是有名的恆壓喇叭廣播系統。但是恆壓名詞常造成誤解，因為：

第一點：電子學來說，兩個名詞係用來形容兩個不同的功率來源：固定電流及恆壓。固定電流是不管負載如何，均提供固定的電流量，因此輸出電壓會改變，但是電流保持不變；恆壓剛好相反：不管負載如何，電壓保持不變，因此輸出電流會改變。可是用在恆壓喇叭廣播系統，該名詞是只用來形容系統在全額功率輸出的表現，在全額功率輸出時其系統電壓保持不變（這是關鍵所在），我們可以加裝或移除任何喇叭但是電壓將維持不變（在最大輸出功率的前提之下），即所謂的恆壓。

第二點：CONSTANT所指係為擴大機額定功率的輸出電壓均為等值，而且不管擴大機額定功率大小，有好幾種電壓被採用，在美國最常用70.7伏特RMS，此標準規範所有功率擴大機，在他們的擴大機額定功率輸出70.7伏特的電壓，因此不管是100瓦、500瓦或10瓦輸出功率的擴大機，其最大輸出電壓都是70.7伏特，70.7這個特別的數字，也是為了省錢的目的而來，在1940年代末期，UL安全規章規定所有電壓高於100伏特的電，會引起觸電的危險，必須將導線穿入線管以策安全，這將增加施工成本，與原來的原則不符，因此就退而求其次，使用不必將導線穿入線管的最大值RMS電壓70.7伏特（Vrms=0.707 Vpeak）。【通常70.7伏特被簡稱為70伏特】歐洲最常用RMS100伏特（雖然50伏特及70.7伏特也被使用），這樣可以使用更細的導線，美國大型安裝工程甚至使用RMS 210伏特系統，其喇叭線可連接1600公尺！記住電壓愈高，電流就愈低，導線就可愈細，拉的愈遠也不會造成明顯的訊號損失。

美國某些州的安全規章，對於線管使用的規定更嚴格，逼得廣播系統不得不使用25伏特RMS標準，這樣設計仍然可以節省線管，但是會增加銅線成本，因此只用在小型工程。現代恆壓擴大機不管是內建增壓變壓器，或採用高壓設計，直接驅動系統不需要額外的變壓器；同樣的，恆壓喇叭內建降壓變壓器，70.7伏特恆壓擴大機及喇叭只需要標明輸出功率瓦特數即可，擴大機的規格要說明在輸出電壓70.7伏特時，可輸出多少瓦，喇叭的規格說明，要輸入多少瓦才能得到某一程度的音壓，設計一個系統就可以變成簡單的事,只要選擇多少瓦的喇叭來達成SPL的最大需求即可,(需要安靜的地點使用瓦特數小的喇叭)全部喇叭的輸出功率加起來就可得到總擴大機功率,例如:安裝10個25瓦,5個50瓦,15個10瓦的喇叭時需要至少650瓦的擴大機功率(事實上我們需要1.5倍大的擴大機功率,去應付實際擴大機的功率損失。)

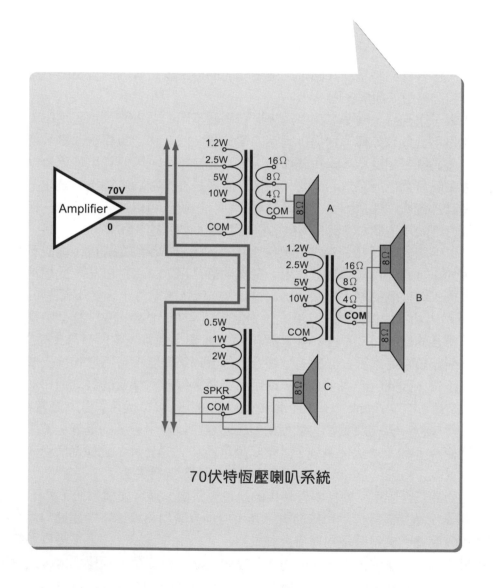

70伏特恆壓喇叭系統

CONVOLUTION PROCESSING 迴旋處理

在音樂廳實際測量，全音樂頻率在室內空間音響特性中得到的脈衝反應，如果某個脈衝反應資料被轉換成一個音響訊號，其結果，該音響訊號將會和我們實際在音樂廳聽到的感覺一樣。

COUPLING OR MUTUAL COUPLING

喇叭用語，形容兩個或兩個以上的喇叭之間相同頻率的結合行為，如果兩個或兩個以上相同的喇叭，其安裝的方法使得他們的發聲中心點很接近時，他們的訊號輸出在某些頻率範圍會結合在一起（Couple），並會以一個波形向前傳送，因此，簡單地說，兩個小喇叭聽起來像一個大喇叭一樣。

COPYRIGHT FLAG

數位音響訊號用來顯示版權資料及防止數位盜拷，如果數位設備，例如：DAT錄音機含有SCMS防止數位盜拷協定裝置，如偵測錄音媒體已設有COPYRIGHT FLAG，將無法做數位直接錄音。

CRITICAL BAND

聽覺生理學用語，一個頻率範圍被神經系統合而為一，類似一個帶通濾波器（AUDITORY FILTER），頻帶寬大約 10～20%（大約 1/3 八度寬，雖然最近的研究發現 CRITICAL BANDS 在 500 Hz 以上時，應為 1/6 八度寬，在 500 Hz 以下時應為 100 Hz 寬）。

CRITICAL DISTANCE 臨界距離

我們離喇叭愈遠，對於殘響來說，直接音將愈來愈弱，當我們退到某一點剛好直接音和殘響音量一樣大時，這個距離叫做臨界距離 CRITICAL DISTANCE 實際的臨界距離將因喇叭指向特性而有所改變，喇叭系統指向性愈高，則臨界距離愈大，所以喇叭設計者希望喇叭對觀眾的指向性愈高愈好，而對牆壁和天花板的朝向則愈少愈好。（如下頁表格）

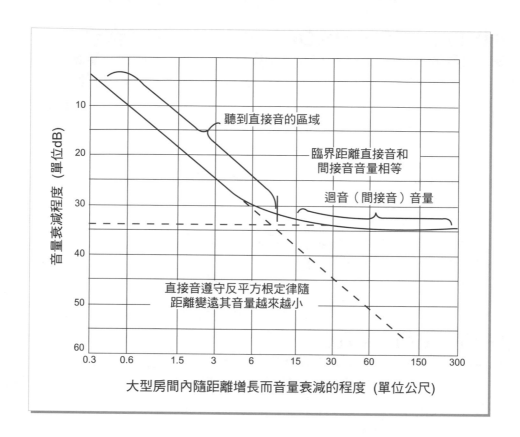

聽到直接音的區域

臨界距離直接音和
間接音音量相等

迴音（間接音）音量

直接音遵守反平方根定律隨
距離變遠其音量越來越小

（縱軸）音量衰減程度（單位dB）

（橫軸）大型房間內隨距離增長而音量衰減的程度（單位公尺）

CROSSFADER
交互推桿

這是為DJ及廣播應用所特別設計的推桿。
一般而言，DJ使用兩個黑膠唱盤或CD唱盤
接到一個DJ混音機，而交互推桿就是用來
平滑地混合、切換兩個唱盤的立體音源，交
互推桿是重新混音REMIX的主要工具。

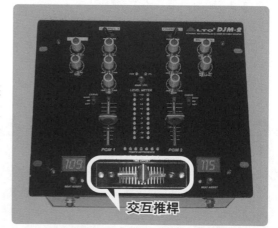

交互推桿

CROSSOVER 分音器

一種電子電路（被動式或主動式）包含高通濾波器、低通濾波器及帶通濾波器，用來分割音響頻率（20Hz～20kHz）為幾部分，以供個別喇叭使用。既然音響波長可有低頻率的大於50英呎長，到高頻率的小於一英吋長，沒有一種單體喇叭，可以發出全部的音響頻率範圍，因此至少需要兩個驅動器，甚至為了音響好，還需要三個或三個以上。例如：兩隻喇叭單體之分頻點為800Hz，就只有一個中低音喇叭單體能發出800Hz以下的頻率，另一個高音喇叭單體能發出800Hz以上的頻率，分頻電路的特性依其設計形式而不同（Butterworth，Bessel及Linkwitz-Riley最流行），其頻率滑落的斜率（超過指定帶通頻率時衰減的比例）是以每一間格衰減幾分貝來測量的，例如：每八度衰減幾分貝dB/octave或每十分之一頻率DECADE衰減幾分貝dB/decade【6dB/octave約等於20dB/decade】。

CREST AUDIO CPC 1223

CROSSOVER FREQUENCY 分頻點

分音器帶通頻率的分際點。

CROSSTALK 串音

多聲道的音響傳送系統，例如：混音機、多軌錄音機或電話線等，從一個聲道滲漏到另一個聲道或更多個聲道的情形叫做串音，以dB為單位，但是串音會依頻率不同而有不一樣的特性，串音可以利用平衡式接線，適當的屏蔽隔離及正確的系統設計來減低。

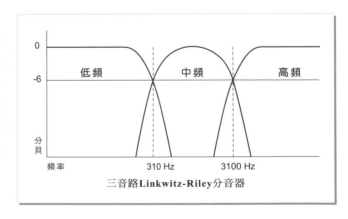

三音路Linkwitz-Riley分音器

CUE

1.）專業音響用語，用來監聽或聆聽指定音源
（利用耳機），DJ混音機則為可切換類似
錄音混音機的SOLO或PFL功能。

2.）音樂用語，

  a. 電影或錄影帶中的一段音樂，從一小段背
景音樂變成複雜的大編制作品。

  b. 一種手勢讓指揮家指示音樂家開始演奏。

3.）一個訊號，也許是一句話或一個動作，用來在一場表演中變化出另一個事件，例
如：演員的臺詞或進場提示，燈光的改變或音響效果等。

CUT

訊號振幅的減小謂之CUT，通常針對某特定頻率或頻帶。

CUT-OFF FREQUENCY 截止頻率

使用高通濾波器或低通濾波器功能時，比未經濾波器影響之頻率振幅低3dB的頻率，
就叫截止頻率，是帶通濾波器過濾的最高及最低的頻率。濾波器會將此頻率點以上或
以下的頻率濾掉。例如：高通濾波器HPF的截止頻率設在1kHz，則1kHz以下的頻率會
被濾掉。

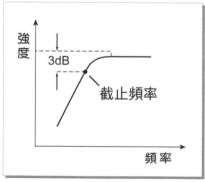

CUT-OFF RATE（SLOPE） 截止斜率

濾波器每一個八度衰減的dB數值稱為截止頻率的斜率，例如：24dB/OCT，表示每八度音衰減24dB。

CUT-ONLY EQUALIZER 衰減型等化器

圖形等化器用語，圖形等化器的使用方法只能用衰減的功能，0dB的位置在前面板所有推桿的頂部（通常使用1/3-八度音程），所有控制都從0dB開始衰減訊號，以頻寬為單位，只能衰減哲學的支持者其理由是：因為增加音量會產生系統餘裕減低的危機。

CV = CONTROL VOLTAGE 控制電壓

控制電壓，用來控制類比合成器的濾波器頻率或訊號產生器的音準。大多數的類比合成器會配合每八度一伏特的控制方式。

CYCLE 週期

音源或其電子同等物做完一個完整的震動，每秒震動一次的頻率就是1Hertz（Hz）。

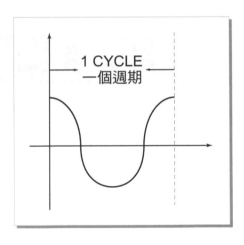

D

X Files

PROFESSIONAL AUDIO

DA = DISTRIBUTION AMPLIFIER 訊號分配放大器

分配放大器可以將一個訊號變成多個相同的訊號送往不同的輸出,例如:現場演唱時,混音機主要輸出接分配放大器之後,可將相同的訊號送往FOH擴大機喇叭系統、現場轉播OB車、實況轉播FM電台、現場貴賓室、錄音設備、耳機等等,通常的設計為二進八~十出,其輸出均互相隔離,所以任何一組短路或故障均不影響其他輸出功能。

ARX MAXISPLITER

DA-88

Tascam公司數位多軌錄音機的型號,使用Sony公司"Hi8"8 mm錄影帶作為儲存媒體,現在成為這個產品家族的通稱。

DAC = D/A CONVERTER =
DIGITAL-TO-ANALOG CONVERTER
數位／類比訊號轉換器

數位訊號轉換成類比訊號，像是一個數位/類比轉換器的配備，將數位器材中的聲訊轉換成類比格式，以傳送到其他的類比器材。

以CD播放機為例，從CD片讀取到的是數位訊號，但是要將這些訊號透過喇叭發聲，就必須先透過D/A轉換器轉成類比訊號，才能進一步送到擴大機與喇叭。

DAISY CHAIN

1.）多台音響設備的一種連接方式，使得音響訊號必須經由第一台傳至第二台，經由第二台傳至第三台。

2.）MIDI來說，多台MIDI設備的連接，使得MIDI訊號必須經由每一台設備之後，才能傳至第二台。

DAMPING 阻尼

1.）幾乎所有的機械系統都有共鳴點，它們都會在到達共鳴頻率時震動或發出共鳴的聲音，各種樂器需要這種特性以發出各具特點的音色，但是我們不希望喇叭或唱頭會發出自己的共鳴聲加入播放出來的音樂給我們聽，因此加入有摩擦力的阻尼物質在喇叭及唱頭上讓它們不要共鳴（但有時候不會很成功）。

2.）電子類比的所謂摩擦力就是電阻，電阻用來阻止電子線路產生共鳴，例如：分音網路、濾波器等。

3.）殘響的研究來說，阻尼是環境裡不同表面吸收殘響能量的比例。

DAMPING FACTOR 阻尼因素

阻尼是擴大機的一種控制能力的測量值，表示當訊號不見的時候，擴大機控制喇叭紙盆往後動作的能力，系統的阻尼因素是喇叭額定阻抗與擴大機工作阻抗的比率。

阻尼因素=喇叭額定阻抗/擴大機工作阻抗。舉例來說：8歐姆的喇叭，使用阻尼因素300的功率擴大機，使用AWG 12號喇叭線，15米長，8/300=0.027歐姆，很低的阻抗。

AWG 12號喇叭線每米阻抗0.0052歐姆，共30米（一來一回），0.0052x30=0.156歐姆，加在一起我們得到總驅動阻抗0.027＋0.156=0.183歐姆，阻尼因素=8/0.183=43.7(>10就夠了)，使用阻尼因素300的功率擴大機就很好。

DAT = DIGITAL AUDIO TAPE
DAT 錄音機特別受專業錄音室青睞，最常用做最後立體混音的錄製。

DATA CONVERTER BITS 資料轉換的位元深度
Bits 位元數字的大小決定資料轉換的精確性，位元數字越大，會話內容就越精準，也就是說數位的資料就越接近類比原始訊號，類比訊號被取樣時，他把訊號用固定的速度做很多片垂直的切片，每一片垂直的切片都記載有訊號的震幅大小，這個估算的過程就是資料轉換的工作，他會對比原始訊號完成最佳的估算，然後選擇最接近的答案，位元數字越大，可以供給選擇轉換的資料越多，供給的次數是2的位元次方，例如：16-位元是2的16次方，有 65,536 個可能的答案可以選，越高的的取樣頻率，在固定的時間內可以切越多片，切片越多，訊號越有細節，總的來說，須要決定重建的訊號到底比原始訊號差多少？例如：以16位元/48kHz的取樣頻率做錄音，那麼每一秒鐘的音響訊號可以被垂直切割48,000片，每一片可以有2的16次方，或65,536個可能的答案，或65,536個電壓大小可以對應，每一個取樣都有一個值被設定代表他的震幅，每一秒有48,000個特定取樣值可以代表原始訊號，如果同樣的訊號以24位元/96kHz的取樣頻率做錄音，那麼每一秒鐘的音響訊號，可以被垂直切割96,000片，或96000個取樣，每一片可以有2的24次方，或16,777,216個可能的答案，顯然的，這個轉換結果會更接近類比原始訊號，它的取樣率是48kHz的兩倍，到底要多快才夠？當然，位元數字越大，內容就越精準，但是人類耳朵聽得出差別嗎？大多數的例子，只要使用16位元以上，人耳是聽不出來的，事實上比16-位元/48kHz規格更好的錄音，對聽音樂來說，得到的幫助不大。

DAW = DIGITAL AUDIO WORKSTATION

dB = DECIBEL
用來表示兩個電子電壓、功率或聲音相對電平的單位。

0 dBu

dB（0.775 V）非正式的簡稱，為一個電壓參考點等於 0.775 Vrms。

+4 dBu

標準專業音響電壓參考電平，其值相等於 1.23 Vrms。

0 dBV

dB（1.0 V）非正式的簡稱，為一個電壓參考點等於 1.0 Vrms。

–10 dBV

專業音響TASCAM或消費者音響的標準電壓參考電平，其值相等於 0.316 Vrms。
（RCA接頭的設備均使用-10 dBV電平工作）

0 dBm

dB（mW）非正式的簡稱；等於1milliwatt的一個功率參考點；為了轉換成等值的電壓電平，必須設定阻抗值，例如：0dBm/600ohms轉換成等值的電壓電平是0.775V或0dBu；0dBm/50 ohms轉換成等值的電壓電平是0.224V，是不一樣的。現代音響工程師比較注重電壓電平，傳統以0dBm當參考值的做法已不採用，現代的參考電平為＋4dBu或 -10dBV。

0 dBr

一個隨意的參考電平（r=參考）一定要被定義清楚，例如：訊噪比圖形可能使用dBr為單位來微調，0dBr被定義為等於1.23Vrms（＋4 dBu），一般紀錄為dB re ＋4。

dBm

1.）音響功率和600ohm負載之下一毫瓦功率的比較值。

2.）非常不正確，但是又經常被錯誤使用，不考慮阻抗大小，卻指定音響訊號強度的參考電壓為0.775伏特。

dBSPL

音壓電平，以dB值表示音壓電平和標準無聲音壓電平的比值（無聲音壓電平的定義是50%的人感覺無音壓的音量）。

■ dB/Octave　每八度衰減幾dB

測量濾波器斜率的方法，dB值愈大濾波器斜率愈陡，為每個八度衰減幾dB的意思。

■ dBv

dB的參考值，0dB=0.775 volts。

■ dBV

dB的參考值，此時0dB=1volt.

DC = DIRECT CURRENT　直流電

只有一個流動方向的電流。

DECAY　衰變

1.）一般是指訊號在傳輸過程中，因導體阻抗造成訊號的衰弱現象。

2.）聲音或電子訊號的振幅隨著時間做連續性的衰變，以ADSR封波參數為例，衰變發生在啟動時間最大值之時，衰變動作會停在使用者設定的持續電平上，並維持一段時間直到手指不再按鍵盤為止。

DECAY TIME　衰變時間

衰變時間是讓訊號衰減的時間叫衰變時間。

DECCA TREE

麥克風用語，由Decca唱片公司在50年代初期研發的麥克風收音技術，使用3隻全指向麥克風，以三角形的形式對準聲音的來源，兩支麥克風在兩端分開，相距2m，第三支麥克風放中間提供中心補強的功能。

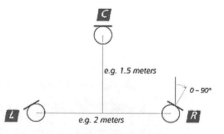

DECIBEL = dB

一種比例的演算，以數學來表示測量數量，和一個標準參考量的比值，最常以數字來表示音壓電平Sound Pressure Level（SPL），從0dB（可能聽到的最小聲）到120dB以上（聽聲音開始痛苦之時）。

常常在專業音響從業人員中造成困擾，大多是因為不了解，DECIBEL不是一個數量，它只是一個功率比例，最常遇到的例子就是測量音響訊號，究竟是採用伏特還是瓦特為單位，如果我們注意功率是和電壓的平方成正比，那麼功率的比率就可解釋成電壓平方的比例，因此，因為平方比例的對數是單獨比例對數的兩倍，所以Decibels的數據是兩個訊號之間電壓比例對數的20倍，我們仍然可以測量電壓並可利用下列公式轉換成：

$$dB = 10 \log P1 / P2 = 20 \log V1 / V2$$

因為我們經常在音響電路中測量電壓，我們必須知道電壓比例的一些定理，例如電壓加倍，表示增益6dB，電壓增加10倍，表示增益20dB，或功率加大100倍。
在Decibels的方程式之中，可以將功率設為固定常數，那麼dB就可和此參考值產生一種關係，例如：如果上列方程式中P2永遠為1milliwatts，那麼dB電平將呈現特定的功率質量，換句話說3dB=2milliwatts，10dB=10milliwatts等等，如果參考功率是1mW，那麼測量數量的單位即是dBm

$$dBm = 10 \log 9 / 0.001 \text{ watts}$$

Decibels也常用來測量音壓，因為音壓的平方和聲音功率成正比，因此音壓以dB為單位的話，就等於20乘以壓力比例，1pascal表示每平方公尺1牛頓的壓力，20 micropascal大約等於人類可以聽到1000Hz的最小音量，因此它是一個很方便的參考。
擴大機的增益通常也以dB為單位，但是有爭議，比方說，將擴大機增益提高3dB，表示擴大機將輸入訊號的功率加大一倍，如果擴大機增益提高60dB，那豈不表示擴大機將輸入訊號的功率增加一百萬倍？假如輸入與輸出阻抗相同的，就對？但是事實上，這是不可能的，例如：功率擴大機通常都有一個高輸入阻抗及一個非常低輸出阻抗去驅動一個喇叭，這樣的擴大機其功率增益是非常高的，因為輸入訊號沒有負載，因此不會供應電流或功率。
另一個有用的定理是10dB的功率比例為10，任何時候功率以10為單位增加時，就增益10dB，所以200W功率擴大機會比20W功率擴大機多推出10dB的電子功率，其聲音功率輸出也增加10dB。
另一個思考Decibels的方法是將它想為百分比，我們都知道10%的意思，1dB代表功率改變27%，3dB表示功率改變100%，10dB代表功率改變1000%。

DE-ESSER 唇齒音消除

一種專門用在人聲的壓縮器，通常只在高於3KHz或4KHz以上的高頻率範圍內工作，特別應用在廣播工業，可消滅因為太靠近麥克風而產生的人聲、嘶聲。

是一種選擇頻率壓縮的特別功能，錄人聲時常會有嘶聲的困擾；高頻率的嘶聲及氣聲可以產生非常大的能量，有時會讓人聲聽起來很粗，很尖銳不清晰，解決辦法是：壓縮或限幅不需要的頻率，此功能只壓縮被選擇的頻率，只可在偵測到嘶聲及氣聲時，暫時衰減電平。一般的壓縮器如果它的偵測電路登記了大量的高頻率資料，那麼全部的音樂電平都會被衰減，因為一般壓縮的方法影響全部的音樂頻率。

De Forest, Lee

（1873-1961）無線電之父，美國電子工程師，擁有三極真空管的專利（1907），此專利使得擴大機及無線電波偵測變的可行，他促使無線電台於1916年開始廣播新聞。

DEFRAGMENT 硬碟重整

重新整理硬碟內檔案的過程，使得所有檔案可以儘可能的連續，而且其餘空間也呈現儘可能連續的狀態。

DEGAUSS 消磁

和DEMAGNETIZE同義，是消磁的意思。

DEGREE 度

1.）物理用語，溫度單位。

2.）數學用語，角度的單位，1度等於圓圈的1/360 。

3.）製圖學用語，緯度或經度的單位，等於一個圓圈的1/360 。

為什使用"360"而非使用其他數字？1936年，距離巴比倫200英里之處，挖掘出一塊牌區，牌區上有楔形文字的手稿，是利用手寫筆寫在軟土牌區上，再被太陽曬硬，蘇美爾人是第一個發明寫字的民族，發明寫字可以與人溝通，可以在人與人之間傳遞知識，可以把文化傳承給下一代，所謂牌區的部分內容，曾在1950年被翻譯出來，是專門討論各種幾何圖形，並說明六邊形周長和其外切圓周長的比率，以現代符號表示就是57/60+36/(602)，（他們使用60進位。巴比倫人當然知道，六角形的周長等於6乘以外切圓的半徑，事實上這就是他們選擇把圓周分成360度的原因（我們一直沿用至今）。

DELAY 延遲器

這個字用在兩個場合：

1.) 效果器的一種，能將聲音拷貝，並在稍後的一點時間再播放出來，即相當於迴音 ECHO效果。但若要與迴音效果做嚴謹的區分，延遲是將聲音複製再播放，複製出來的聲音除了音量與時間差之外，音質沒有改變；而迴音是模擬聲音遇到障礙物反彈回來的效果，音質上會受到牆壁材質、距離的影響。

2.) PA音響工程應用中，左右喇叭距離不同，造成兩邊聲音抵達人耳的時間不同，這個時間差也稱為延遲DELAY。

延遲DELAY的基本原則是，接著訊號源之後，在一段時間內複製一至數個訊號源，其運用的時機必須依照機種設計的特性及使用目的而定，產生延遲效果有三種方式：

錄音帶延遲TAPE-DELAY，利用循環播放的錄音帶，由一個錄音磁頭及多個放音磁頭組成，各放音磁頭之間有一小段距離，錄音磁頭錄下一個訊號，交由多個放音磁頭重播時，就產生延遲的效果，調整錄音帶的轉速就可以控制延遲音的速度。1970年代以後，由於類比及數位延遲器的上市，錄音帶延遲的方法已被淘汰，偶有音樂人為復古的效果，才又被採用。

類比延遲ANALOG-DELAY，採用的方法是將訊號源以每秒約25,000次的取樣率來修改各取樣點的參數，然後再重播出去產生延遲的效果，在數位機種未出現之前，是市場上的主流產品，現在還應用在樂器效果器上。

數位延遲DIGITAL DELAY LINES，縮寫為DDL，採用的方法與類比延遲類似，但是取樣率每秒高達30,000～50,000次，附有ADC類比數位轉換及DAC數位類比轉換器，把改變參數的工作都以數位的方法處理，運算快，功能強，設定簡單，還有記憶功能，是現代音響工業的標準。仍然有一些表演者喜歡使用類比延遲，類比延遲的音色讓人聽起來比較溫暖，因為類比延遲器取樣速度較慢，影響了高頻響應的表現。

延遲器主要目的是建立一個延遲系統，在大型戶外演唱會中，後面的觀眾離舞台很遠，必須另行架設副喇叭塔來彌補舞台兩側主系統PA之不足，但是主系統PA喇叭訊號要傳給後面觀眾，其所走的距離比副喇叭塔遠，後面的觀眾於不同時間（差很少，但是已經有明顯不好的效果）聽到相同的節目，會很不清楚，尤其是打擊樂器特別嚴重；這時就得利用延遲器使得副喇叭塔發出的訊號延遲，和舞台兩側主系統PA喇叭訊號同時到達後面觀眾聆聽範圍，就能完成任務。計算的方法很簡單：主系統PA喇叭與副喇叭塔之距離÷聲速＝延遲的時間，延遲時間的單位通常是毫秒。【註：聲速＝344.4m/秒】VIDEO DELAY運用於同步衛星轉播。

DEMO 展示、試聽帶

1.) 非正式的錄音，只是示範某種音樂表現的概念，也許可用在最後的音樂製作上。

2.) 做試聽音樂或做展示。

3.) 為客戶展示或試用器材，未來會有成交的可能。

4.) 展示使用的器材。

DETENT 中心點

旋鈕或推桿控制的中心有一個停頓的點，屬於中間未變化的
狀況，例如：左右音場旋鈕或等化推桿。

DI = DIRECT INJECT 阻抗匹配

將電吉他，魔音琴或貝士訊號直接接至混音機的
技術，將吉他高輸出阻抗和混音機低輸出阻抗匹
配所用的設備叫DI BOX，某些樂器擴音器就內建
DI連接功能。

DI是DIRECT INJECT直接注入的縮寫，形容一個訊
號不用麥克風就直接注入整個音響系統內。

DIALOGUE 口白

錄在錄影帶/電影，廣告或教學錄音裡的講話聲。

DIAPHRAM 喇叭或麥克風震膜

驅動器的心臟就是喇叭震膜，喇叭震膜的表面會前、後移動來產
生音響，喇叭震膜連接在音圈上並由連接擴大機的音圈驅動。

DIFFERENTIAL AMPLIFIER 差動放大器

差動放大器DIFFERENTIAL AMPLIFIERS的設計使得平衡式接線感應到的干擾互相抵消，因為正、負兩訊號線跑得非常近，所以這兩條線會感應到相同的干擾，而差動放大器只放大這兩條訊號線上不同的訊號，因此任何同時出現在正、負兩條線上一樣的訊號（即雜訊）都不會被放大，這就是大家耳熟能詳的「共模互斥現象」（COMMON MODE REJECTION）。

DIFFRACTION 繞射

室內聲學用語，走向阻礙物的波形和從阻礙物開口散播出去的波形會隨阻礙物的大小及面積而異。

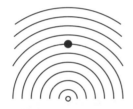

(A) 障礙物體積如果比聲音波長相對很小的話，障礙物就不會對聲音造成什麼不好的影響。

(B) 障礙物體積如果比聲音波長相對很大的話，就會產生聲音陰影的部份，但是繞射現象也會傳一些聲音至陰影區。

(C) 聲音要穿過一個洞，如果洞的尺寸遠大於聲音的波長，被擋住的部份會產生聲音陰影，但繞射現象也會傳一些聲音至陰影區。

(D) 聲音要穿過一個洞，如果洞的尺寸遠小於聲音的波長，那麼該洞就好像另一個新的音源點，繼續利用繞射現象傳送波形前進。

【各種不同障礙物對聲音流向的影響】

DIFFRACTION GRATING

通常為玻璃或拋光的金屬表面，有很多非常細小呈平行的凹痕，或表面有裂縫，利用光的擴散現象來產生光學頻譜。右圖下方即為Diffraction Grating。

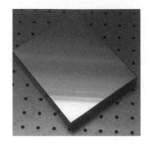

DIFFUSE 擴散

均勻的向四方散播開來。

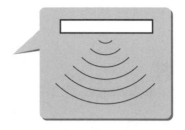

DIFFUSER = DIFFUSOR 擴散板

一種商品用來擴散或均勻分佈聲音。由Manfred R. Schroeder發明，Peter D'Antonio 博士及他的RPG Diffusor Systems公司獲得商業市場的成功，Diffusors是音響聲學的DIFFRACTION GRATING。

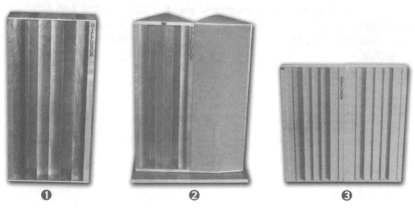

❶ ❷ ❸

三種擴散板介紹：
圖一為廣帶寬及大角度的QRD734擴散板；圖二為一邊擴散，一邊反射；圖三為廣帶寬擴散/吸音板。
QRD734擴散板如圖，其擴散的原理係低頻率由井深決定，高頻率由井寬決定。QRD734，7為質數，以其七個井深為0、1、4、2、2、4、1重複排列。

DIGITAL 數位

ANALOG類比相對的觀念。

DIGITAL AUDIO STORAGE 數位音響儲存

將聲音訊號轉換成二進位數碼,即數位聲訊,再儲存到硬碟、磁帶等裝置。

DIGITAL MULTIMETER 數位電表

手掌型,使用乾電池的測試設備,可以測電壓、電流、電阻,並有數字顯示幕。

DIP

減低特定音響頻帶的訊號電平。

DIPLESS CROSSFADER DJ 用交叉推桿

Crossfader的設計是推桿移動到50%距離之前,不會衰減第一個音響訊號,推桿一直移動超過50%距離時,第二個音響訊號會在中心點增加音量至100%,這種設計在推桿行程的中心點,每一個訊號都不會衰減 (dip),因此稱為Dipless。

DIRECT

1.) 使用直接拾音。
2.) 使用直接輸出(混音機用語)
3.) 所有音樂家不經過多軌錄音帶直接錄成最後的立體母帶。(錄音用語)

DIRECT BOX 直接連接盒

錄音時將吉他、貝士或鍵盤樂器等非平衡式的輸出訊號，使用變壓器或擴大器改變為與麥克風輸入一樣阻抗及電平的平衡式訊號後，送往混音機的電子設備，通常需要電池或幻象電源來工作。（見下頁圖）

ARX DI6

DIRECT COUPLING

連接兩個電子電路的方法，使交流電及直流電訊號都可以在他們之間通行。

DIRECT OUTPUT 直接輸出

平衡式直接輸出端，可將FADER之前（或者之後，依混音器設計不同而有不同）的訊號輸出，不受訊號派送開關或音場控制鈕PAN控制，適合外接處理器，可將訊號送回立體輸入聲道或立體倒送端子，或直接送往多音軌錄音機。

DIRECT RADIATOR 直接輻射

喇叭的移動元件和空氣之間沒有裝號角的形式稱之為直接輻射式喇叭，家用喇叭大多是直接輻射式，專業喇叭大多使用號角式，直接輻射式喇叭的聲音比較平順，頻率響應很平均。

DIRECT SOUND 直接音

最早到達的聲音，聲音到達聆聽者位置沒有反射音的成分，也就是說聲音直接送到聆聽者。

DIRECTIONAL PATTERN 指向性型式

1.) 麥克風用語，和 Pick Up Pattern 同義。

2.) 喇叭用語，講的是涵蓋角度的形式。

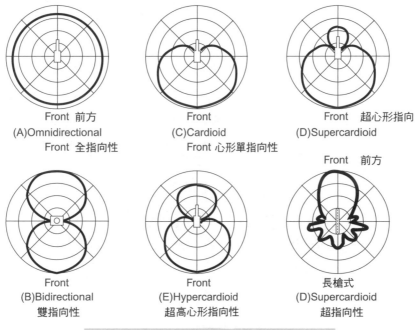

Front 前方
(A)Omnidirectional
Front 全指向性

Front
(C)Cardioid
Front 心形單指向性

Front　超心形指向
(D)Supercardioid

Front
(B)Bidirectional
雙指向性

Front
(E)Hypercardioid
超高心形指向性

Front　前方

長槍式
(D)Supercardioid
超指向性

基本的麥克風極座標圖

DISC 光碟
用來形容 CD 及 MD。

DISK = DISKETTE 磁片
電腦的軟碟、硬碟及可拆除式磁碟機之通稱。

DISPERSION
擴散角度
喇叭擴散聲音的角度叫
擴散角度。

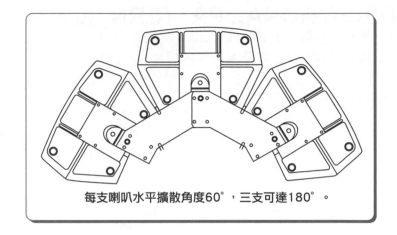

每支喇叭水平擴散角度60°，三支可達180°。

DISTANCE LEARNING 遠距教學
以教育為目的的一種特殊視訊會議型式，遠距教學允許學生可以和在遠處上課的同學
一起上課，雙向的音響與視訊可以讓學生與老師互動。

DISTANCE MICKING 遠距錄音
麥克風收音技術，麥克風擺設位置距離音源較遠，反射音和直接音會一起被錄下來。

DISTORTION 失真
DISTORTION失真有兩種意思：

1.）是效果器的一種，尤其常用在吉他效果器。這種效果與OVERDRIVE很類似，不同
的地方是，DISTORTION提供更破的音質，它的延音跟自然的吉他聲音相比則較不
自然。

2.）在PA音響工程應用中，當聲音訊號電平超過電子元件負載的上限，使得聲音震幅
的頂部被截除，產生不應有的諧波而有破破的雜音，叫做失真。

DITHER

DITHERING是一個數學的過程，類比數位轉換量化時，在數位化的訊號中加入低電平的隨意噪音（數位或類比噪音），可以在量化過程中減少失真及噪音的調變，雖然噪音電平會稍微增加，利用頻譜儀修正DITHER可以最小化明顯增加的噪音，使得噪音的成分比失真還少，幾乎可以忽略不記，並增加低電平訊號解析度，可以聽得更清楚。只要很小的訊號，量化誤差就會和訊號電平達成關係，這個關係將產生可以被測量出來得的失真量，量化誤差即可取消，當訊號從一個數位系統傳至另一個數位系統需要改變取樣最小值時，加入DITHER可維持高品質訊號。

DIVERSITY RECEIVER 雙天線接收器

無線麥克風的接收器一定有兩只天線，為什麼天線要一對呢？因為這些無線電訊號會衰減或被大樓、汽車、樹、牆壁反射的關係，不同相位的無線電波互相干擾，使得訊號不良，兩支天線位置不同，會收到不同強度的訊號，分別送到內藏的兩個接收器，然後經過比較的功能，選擇比較強的訊號送去混音機。

DOLBY 杜比

一種編碼/解碼錄音帶噪音衰減系統，在錄音時放大低電平，高頻率訊號，放音時顛倒程序以達到衰減噪音的目的，目前有很多杜比系統可以使用：杜比B、杜比C及杜比S用在消費者及半專業市場，杜比A及杜比SR用在專業市場，錄音時使用杜比錄音帶噪音衰減系統，放音時也得用杜比錄音帶噪音衰減系統。

DOLBY DIGITAL

電影數位原聲道放音系統規格的名稱。使用AC-3系統的數位壓縮技術，訊號以光學方式印在膠捲空格之間，現在已被推廣至家庭電影院設備Dolby Digital可以使用播放任何的音響聲道從1至5，也可以包含獨立的

低音聲道，"5.1"就代表了完全聲道格式。Dolby Digital的環繞解碼系統會自動包含Dolby Pro Logic的處理，以確保用Dolby Surround編碼的電影原聲道音響的完全相容。

D

DOPPLER EFFECT
杜普勒效應

當汽車按著喇叭或火車吹笛子由遠而近再擦身而去時，我們聽到聲音頻率的變化就稱為「杜普勒效應」，這些變化的頻率我們可以利用右列方程式計算出來：

$$F = \frac{V \pm V_L}{V \pm V_S} F_0$$

F ：聽到的頻率
V ：聲音的速度
V_L ：聽者的速度
V_S ：音源的速度
F_0 ：音源的頻率

如果音源和聽者是同一方向，用 $V + V_L$、$V + V_S$ 計算；如果音源和聽者是反方向時，用 $V - V_L$、$V - V_S$ 計算。

例如：假設聲音速度 V = 1130 英呎／秒， V_L 聽者速度 = 0， V_S 音源 = 60 英哩／小時 以每小時60英哩的速度接近聽者， F_0 音源頻率 = 1000Hz

$$每小時 60 英哩 = \frac{60 \text{ 英哩}}{1 \text{ 小時}} \times \frac{1 \text{ 小時}}{3600 \text{ 秒}} \times \frac{5280 \text{ 英呎}}{1 \text{ 英哩}} = 88 \text{ 英呎／秒}$$

$$F = \frac{1130 - 0}{1130 - 88} \times 1000 = 1084 \text{ Hz （頻率變高）}$$

當音源擦身而過遠離聽者時，其兩者為反方向，因此：

$$F = \frac{1130}{1130 + 88} \times 1000 = 928 \text{ Hz （頻率變低）}$$

從遠方而來，再擦身遠離而去，造成156Hz的差異（84＋72=156Hz），這就叫做杜普勒效應。

DOUBLE BASS

大的小提琴，演奏的頻率範圍比中提琴低八度，因此BASS DOUBLE，所以叫DOUBLE BASS。（如右圖）

DOUBLING

錄音用語，一種重疊的效果，將原始訊號再加一份稍有延遲的自己，其結果使得聲音更豐滿，聽起來感覺比原始錄音，用了更多的樂手或歌手。

DRIVER 驅動器

1.）單獨的喇叭單體都可稱為驅動器，然而號角式喇叭系統除了號角之外都可稱為驅動器。

2.）用來處理主程式和週邊硬體，例如：音效卡，印表機或掃瞄器通訊的軟體。

DROPOUT 磁帶訊號下降

類比磁帶錄音時，錄音訊號品質的好壞依賴著磁粉是否可以均勻分佈在磁帶上，如果磁帶上的靈敏度，因為溼度、乾燥、磁粉脫落的關係在各處發生變化，訊號電平就會週期性的降低，這些電平降低的現象就叫磁帶訊號下降，大約只會將電平下降幾dB而已，訊號電平下降的副作用是磁帶本身噪音電平將會比較明顯。

DRUM BOOTH 鼓房

一個隔離的房間；為鼓錄音設計的房間。

DRUM MACHINE 電子鼓

取樣再生機器（或音源機）具有鼓的音色，可以被內建的編曲機SEQUENCER控制而播放出鼓的節奏型式。

Roland TD-20

D

DRUM PAD 打擊墊

合成打擊表面可以產生電子驅動訊號以回應鼓
棒打擊鼓皮的動作。

DRY

1.）沒有殘響或環境音。

2.）更常被用來形容一個未經過效果器處理的音響訊號。（相對的，經過效果器處理
    的音響訊號稱作為WET。）

DRY RECORDING

未經過任何訊號處理的原始錄音。

DSP = DIGITAL SIGNAL PROCESSING
數位訊號處理

DSP是DIGITAL SIGNAL PROCESSING數位訊號處理器的縮寫，特別設計可以即時高速處
理大量資料的晶片，最適合處理數位音響資料，是一個統稱名詞，包括數位動態效果
器、等化器、3D環繞…等等；數位訊號處理是類比音樂訊號經編碼為數位訊號資料後
的處理或修正。

DTS =
DIGITAL THEATER SYSTEMS
（現在改為 DTS Cinema）

電影原聲帶音樂放音的一個數位電影原聲帶系統，係由數位電
影公司研發。（由史帝芬史匹伯及環球電影公司出資）它的優
點是：

◆ 不需要特別的放影機去讀取電影膠捲裡的數位碼（杜比系統需要）。

◆ 只使用中度的壓縮3：1，杜比系統則為11：1。

提供20位元的音響獨立數位全頻帶寬六聲道音響，都包括在一張和電影同步播放的CD唱片裡，同步時間碼印在標準光學原聲帶及影片之間。

DTS-ES = DTS EXTENDED SURROUND

數位劇院系統的THX Surround EX版，DTS-ES在DTS編碼訊號裡加入第三環繞聲道（環繞中央聲道），一共有兩個版本：『DTS-ES』利用矩陣編碼將第三環繞聲道訊號編入現有的5.1聲道的左右環繞聲道內，『DTS-ES Discrete』是加入獨立第三環繞聲道訊號的新格式。

DTS Zeta Digital™ （現在稱為DTS Consumer）

數位劇院系統的音響壓縮設計，運用在LD、DVD及CD上，為家庭劇院使用，是杜比公司AC-3（DOLBY DIGITAL）的競爭者。

DUB 複製

複製一個錄音帶或CD叫做DUB，其複製過程叫做DUBBING。

DUCKING

是一種動態處理器，用來自動減低訊號音量的設備，通常會有兩種音源，其中一個音源的音量超過設定的觸發電平時，可以將另一個音源音量減小，例如：背景音樂會自動減低音量，讓播報員的聲音聽得清楚。

DUMP

從一個設備傳送數位資料到另一個設備，A System Dump是利用MIDI傳送特定樂器或音源機的資料，也可以用來儲存音響指定接線、參數設定等等。

DVD

官方資料顯示DVD並不代表任何意義，它曾被解釋為DIGITAL VERSATILE DISC數位多功能光碟，被稱做DIGITAL VIDEO DISC之前，也被歐洲人稱為HDCD。DVD12公分的小光碟，和音樂CD及CD-ROM尺寸一樣大，但是卻有10倍的容量，可以收錄一部完整的電影及以電影為劇本的電動遊戲，或一部電影及其電影原聲道，或兩種版本的電影故事，全都具有獨立的數位環繞音響。DVD標準規格為單層薄片，單層容量4.7GB，及133分鐘的MPEG-2壓縮視訊及音訊，也可以擴增為兩層8.5GB，最厲害的是兩片光碟還可以黏在一起，變成兩片四層，最大容量可達17GB，一共有四種主要的分類：

■DVD-Video DVD 電影

■DVD-Audio DVD 音樂（只有音樂）

標準很有彈性，有很多可能性，DVD唱盤解碼之前，必須偵測使用的系統，其選擇包括74分鐘兩聲道24位元，取樣頻率192kHz或6聲道24位元96kHz，量化可為16、20及24位元，取樣頻率可為44.1kHz、88.2kHz、176.4kHz、48kHz、96kHz及192kHz。

■DVD-ROM 唯讀DVD

唯讀DVD使用在遊戲及電腦上。

■DVD-RAM

可重複燒錄，Matsushita是目前的領導者，其單面及雙面容量以4.7GB及9.4GB領先群雄（其他僅有2.6GB及5.2GB），有數種競爭的格式：

◇ DVD-R

由Hitachi、Pioneer & Matsushita研發,容量為4.7GB,定位在PC週邊設備市場,但也對錄影帶伺服器、錄影帶磁片紀錄攝影機及其他消費者設備市場有潛力。

◇ DVD-RW

由Pioneer研發,容量為4.7GB,定位在取代VCR產品。

◇ DVD-RW 或 RW

由Sony、Philips & Hewlett-Packard研發,原始為3GB系統,定位在PC週邊設備市場,現在也已擴充為4.7GB的消費者版本。

◇ MMVF-DVD

由NEC研發的5.2GB多媒體錄影帶檔案磁碟系統,現在已由實驗計畫轉為商業量產計畫。

DVI = DIGITAL VISUAL INTERFACE
數位影像介面

DVI是HDTV傳送數位影像的介面,適用於高等級數位影像傳輸。

DYNAMIC MICROPHONE
動圈式麥克風

動圈式麥克風是最廣為採用的麥克風,它幾乎可以應付所有的工作,其價格合理,提供高傳真音效及專業穩定的表現,麥克風收音時,薄薄的振膜會在磁場中產生移動,利用音圈將其轉換為電子訊號,再送往麥克風前極擴大機或混音機處理。

Superlux SONATA系列
動圈式麥克風

DYNAMIC PROCESSOR 動態處理器

動態處理器用來修正或控制訊號電平,這些處理器允許我們壓縮、擴展、壓縮擴展、閘門通道或自動衰減通過混音機的訊號。

D

DYNAMIC RANGE 動態範圍

動態範圍是系統最大聲和最小聲的音量比例,測量單位為dB,音響設備為最大輸出電平和噪音音量之比例RESIDUAL NOISE FLOOR,交響樂演奏的動態範圍大約為90dB,表示音響演奏的最大音量比最小音量大聲90dB,動態範圍是一種比值,與音量大小的絕對值無關。通常在Fm廣播節目是感受不到交響樂真正現場演奏的動態活力,因為儲存或者傳送錄音的媒介本身有無法消除的噪音,因此決定了音樂本身的最低音量(一定要大於噪音音量),音樂的最高音量可能因為系統防止削峰失真的保護措施,而被壓縮下來,CD唱片可以提供較大的動態範圍,但是在廣播的系統裡,因為頻寬的關係,電台是會使用壓縮/限幅器減低音樂的動態響應之後,再行廣播出去。

數位系統的動態範圍是由資料的解析度來決定,大約每一位元6dB,一個20位元系統理論上其動態範圍有120dB。

1.) 態範圍也可用在音響系統中,每一個音響系統都有不可避免的噪音,音響系統的動態範圍等於系統峰值輸出電平和系統本身噪音電平之差。

2.) 搖滾樂演唱會的動態範圍:在搖滾樂演唱會舞台上麥克風可接收到的音響電平(舞台上安靜時有觀眾、風聲、交通聲)從40dBSPL到130dBSPL,表演者是對著麥克風嘶吼!

它們的音響系統動態範圍是多少?

峰值電平 － 噪地(NOISE FLOOR)
= 130dBSPL － 40dBSPL = 90dB

EARLY DECAY TIME = EDT　訊號早期衰減時間

訊號從0衰減至-10dB所需要的時間，單位為秒。

EARLY REFLECTION　早期反射音

建築聲學用語，第一個到達聆聽者的聲音，叫做直接音；第二個到達的聲音叫做第一反射音，第一反射音比較晚到達，因為要走比較遠的路徑，比較早到達的數個反射音通稱為早期反射音。

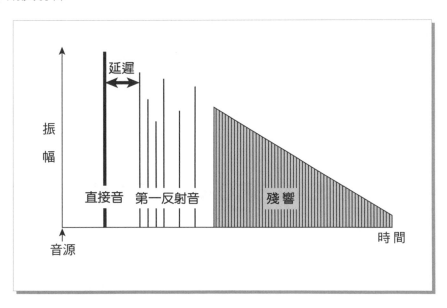

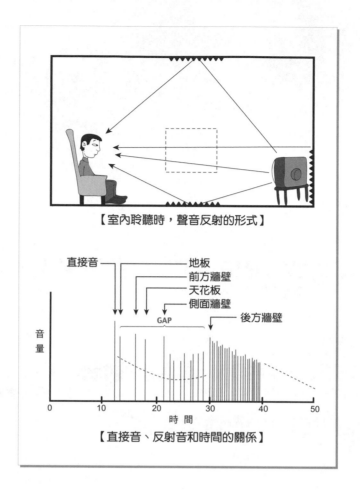

【室內聆聽時，聲音反射的形式】

直接音　　　　　地板
　　　　　　　　前方牆壁
　　　　　　　　天花板
　　　　　　　　側面牆壁
　　　　　　　　　後方牆壁
GAP

音量

0　　10　　20　　30　　40　　50
時　間

【直接音、反射音和時間的關係】

EARTH　接地

英國稱接地為EARTH，美國稱接地為GROUND（電子學的定義是電壓為零之點）。

EBU = EUROPEAN BROADCASTING UNION
歐洲廣播聯盟

1950年於瑞士日內瓦成立，AES現有74個全職組織來自54個國家，還有48個會員分布在28個國家（依2005年11月紀錄），原始宗旨為設定技術及法律的依據，現在致力於運動新聞事件轉播協商、節目交流及提供所有商業上、技術性的、法律及策略的服務。

ECHO 迴音

ECHO是迴音效果，係模擬聲音反彈回來的聲音。ECHO與DELAY效果很類似，不同之處在於ECHO的音質會受到反彈物影響，例如：牆壁、天花板的材質及距離等；而DELAY效果則純粹原音拷貝，不會影響音質。

迴音和殘響REVERBERATION也不同，正確的解釋為比直接音慢50毫秒的反射音，其音量也比殘響大聲。

ECHO CANCELLER 回音消除器

利用DSP的技術濾掉從主音響來源產生的回音訊號，回音會發生是因為人聲與數據傳輸的互動，因此發明了兩種回音消除器：Acoustic回音消除器以及Line回音消除器；Acoustic回音消除器使用在電話會議系統，用以抑制由麥克風/喇叭造成的回音，這和音響系統回授問題相似（麥克風收到擴聲喇叭的聲音，又由擴大機放大送去喇叭，喇叭的聲音又被麥克風收到，又被擴大等等），由電話傳輸連接造成額外的延遲效果只會讓情況顯得更糟；"Line"回音消除器用來抑制因為傳輸連結造成的電子回音，例如：叩應設備及衛星系統（產生的延遲來回大約600ms），造成非常惱人及破壞性的Line回音。

EDISON EFFECT 愛迪生效應

1883年 Thomas Edison發現的一個有趣現象，愛迪生在為新發明-白熾燈-做實驗時，意外發現在真空中將電流通過燈絲使之發熱之後，物質釋出的電子會被金屬板吸引，會有電流流過；愛迪生進一步試驗，把一根電極密封在碳絲燈泡內，讓板極通過電流計與燈絲的陽極相連時會有電流，而與燈絲陰極相連時則沒有電流。這就是有名的愛迪生效應，20年後，本效應成為發明真空管的基礎。

EDIT 編輯

錄好的音樂/聲音資料，可讓使用者再針對其錯誤加以修正、拍子校正、剪接…等等的動作，就叫做EDIT編輯。

EDIT BUFFER

機器內RAM儲存參數設定的區域。數位混音機儲存了混音場景時，編輯緩衝資料EDIT BUFFER DATA被拷貝至一處指定的場景記憶中，當混音場景被回復時，指定場景的記憶會拷貝回編輯緩衝EDIT BUFFER，編輯緩衝資料是現在使用的混音設定。

EDITING 剪輯

1.）利用剪斷錄音帶，再依新的順序接起來，以改變錄音順序的行為。

2.）利用電腦程式改變數位錄音的播放順序。

EFFECT 效果器

任何能將聲音訊號以虛擬效果產生（空間感）變化的聲訊處理器，就叫做效果器，例如：殘響REVERB、延遲DELAY、FLANGER、PHASER…等等。最普通的效果器就是卡拉OK用的迴音器，能夠讓演唱者的歌聲產生迴音的感覺。

音樂工作者常視實際的需求選擇適用的效果器。例如，電吉他手想要做出破音的感覺，就會採用DISTORTION或OVERDRIVE之類的效果器。

效果器接在混音器的輔助輸出Aux Send和輔助音效輸入倒送端Aux Return或叫Effect Send & EFX Return，效果器通常都從混音機推桿之後送，用原始音（Dry）/被處理聲音（Wet）的平衡鈕來調整效果，每一個Mono輸入聲道和主要立體輸出都有插入點。一般原則，接在輔助輸出系統的好處是每一個輸入聲道都可以分享同一個效果器。像鍵盤、錄音機等高電平設備，效果器可能會直接接在音源和混音機輸入之間，因此Dry/Wet的平衡將由效果器本身來調整。這種方法適用於立體輸入聲道，因為一部立體的處理器就能處理像魔音琴或取樣機輸出的立體訊號。

COMPO

ARX AFTERBURNER II

SIX GATE

QUARD COMP II

ARX 動態處理器系列

EFFICIENCY 效率

一種測量喇叭輸入電能被轉變為聲能的比例,以百分比為單位,未被轉換成聲能的電能將轉變為熱能,幾乎大部分的直接輻射式的喇叭效率只有1%～2%,號角喇叭的效率大約可達10%～20%,最高30%,專業用喇叭系統高效率的要求很重要,特別是在大場地需要高音量時,高效率喇叭可以減少擴大機的數量,同時低效率喇叭產生的熱能在大音量表現時,很容易過熱而燒毀高音單體。但是效率高或低並不表示喇叭的好壞,選擇的判斷要由使用需求而定。

EFX 效果

混音機用語,效果器的意思。音源器材、合成器上,特別會在殘響REVERB、和聲CHORUS、延遲DELAY效果之外,再獨立出EFX效果器。由於殘響、和聲、延遲,是音樂工作上最常用的效果,因此當音源器材內建效果器時,多半都是讓這三種效果擁有獨立的處理能力;至於EFX中的效果,則是相對比較少用的特殊效果。

EIA = ELECTRONIC INDUSTRIES ALLIANCE
電子工業聯盟

1924年成立類似無線電製造廠協會 R A D I O MANUFACTURERS ASSOCIATION (RMA)的組織,EIA是一個商業組織,成員為各製造廠商,制定標準提供會員使用,開辦教育課程,並為會員的利益在美國華盛頓遊説。

EIN = EQUIVALENT INPUT NOISE 等效輸入噪音

系統或設備輸出噪音與輸入噪音之比例，假設設備為無噪音設備，輸入一個等於輸出噪音電平的噪音，將輸入噪音除以系統或設備的增益，即為等效輸入噪音。

ELECTRET MICROPHONE 背駐極麥克風

麥克風的一種設計，和True Condenser真電容式麥克風相似，除了使用一個可以永久帶電叫做electret的背駐極元件，不需要外接電壓工作，因為背駐極的元件有非常高的輸出阻抗，需要加一個阻抗轉換器，阻抗轉換器需要外接電源來工作，外接電源可為電池或幻象電源。

EMC = ELEVTROMAGNETIC COMPATIBILITY

1.）歐洲共同市場指導原則，針對在歐盟地區建立產品相容性，第1.4章定義EMC包含電子及電氣用品、設備或安裝工程所含電子及電氣用具、或設施，須在其電磁環境有良好的電磁相容性（免疫需求），在該環境中，不得產生對任何東西都無法容忍的電磁干擾及放射線需求。

2.）因為EMC的指導原則，造成的產品研發時間及成本驚人的增加，很多人相信英文字母EMC縮寫的真正意義是"ELIMINATE MINOR COMPANIES"---淘汰爛公司。

EMPHASIS

在D/A轉換之前將3.5kHz 以上的頻率以每八度音做6dB的電平增益，稱為EMPHASIS。D/A轉換之後，再做每八度音6dB的電平衰減，稱為DE-EMPHASIS。

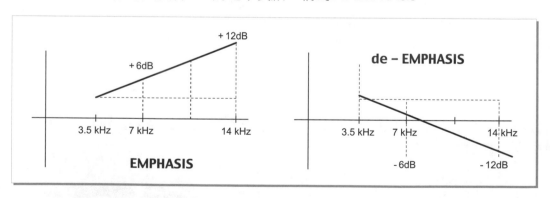

ENCODE / DECODE 編碼 / 解碼

將訊號處理後以便錄音的系統/將訊號處理後以便放音的系統。

ENHANCER

利用動態等化、相位轉移及諧波產生器的技術將音響變得更凸出明顯。

ENVELOPE 封波

電子合成樂器產生的訊號和時間的變化，產生的波形像信封一樣，我們稱之為封波。
封波包含4種參數，分別是ATTACK啟動、DECAY衰減、SUSTAIN延持與RELEASE釋放
時間，這四者簡稱為ADSR。音源機或合成器會提供ATTACK啟動與RELEASE釋放時間
的調整參數；專業的合成器，4種參數都會提供。封波的示意圖如下：

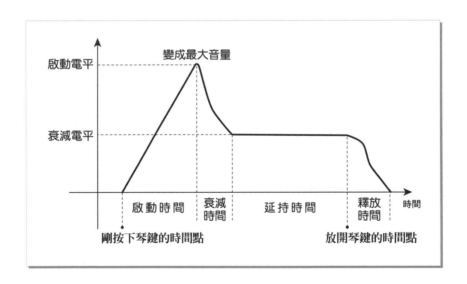

ENVELOPE GENERATOR 封波產生器

一種電路，可以產生一個控制訊號，來代表我們想要重新創造的波，來控制震盪器或
其他音源的電平，也可控制濾波器或調變設定，最常見的例子是ADSR產生器。

E-PROM = ERASABLE PROGRAMMABLE READ ONLY MEMORY

類似ROM，但是晶片裡的資料可以用特殊設備變更。

EQ SWITCH 等化切換開關

使用在等化器或混音機的按鍵，按下等化切換鍵，即可輕易的比較等化前後的差異。

EQUAL LOUDNESS CONTOURS 等響曲線圖

幾個不同的曲線圖，顯示各種音色不同頻率的音量大小分布。

等化切換鍵

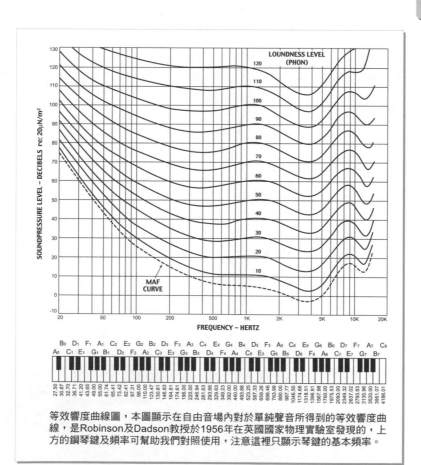

等效響度曲線圖，本圖顯示在自由音場內對於單純聲音所得到的等效響度曲線，是Robinson及Dadson教授於1956年在英國國家物理實驗室發現的，上方的鋼琴鍵及頻率可幫助我們對照使用，注意這裡只顯示琴鍵的基本頻率。

E

EQUALIZATION 等化EQ

將聲音中各組成頻率的音量加以修改的動作。

EQUALIZATION = EQ 等化器

一種可以用來提昇或壓抑任一被選擇頻率的設備。等化器EQUALIZER常見三段與四段型式，四段包含了四個部分。最上面的旋鈕為控制高頻（高音）增強或衰減，控制範圍約為±15dB，最下面的旋鈕為控制低頻增強或衰減，其控制範圍約為±15dB。

但是中間兩對HI MID及LO MID旋鈕（即可變中頻等化控制），其等化控制的頻率可以改變。它比傳統的等化控制功能強的地方就是被等化的中心頻率約在80Hz～13kHz間變化。此選擇頻率依各廠牌不同而異，HI MID及LO MID都由兩個旋鈕組成，一個為選擇中心頻率旋鈕，另一個為增益或衰減控制，中音控制收人聲時尤其有用，可以非常準確的修飾演出者的聲音。

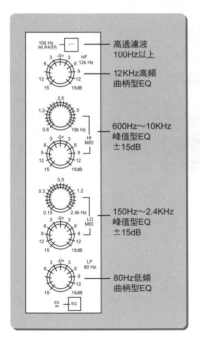

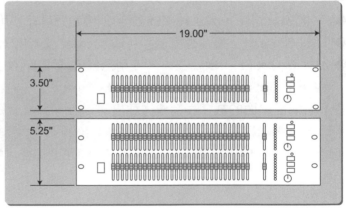

ERASE

將已錄好的節目或歌曲洗掉，或從任何形式的數位儲存媒體移除數位資料均稱為
ERASE。

ERROR CONCEALMENT

從事數位錄音或數位處理系統，無法確認遺失的位元資料到底是1還是0時，可以在遺
失的位元資料附近用比較的方法猜出來，將這種插入取代位元資料至數位音響訊號，
以取代遺失位元資料的動作叫ERROR CONCEALMENT。

ETHERNET

是一種區域網路LOCAL AREA NETWORK（LAN），最初係由Xerox全錄發展。用來連
接電腦、印表機、工作站等，現在包括音響與影像均使用其CobraNet 技術，Ethernet
依傳輸速度不同使用不同的雙絞線、同軸線或光纖線傳送資料。

◆ 『10Base-T』傳輸速度每秒可達10 megabits（Mbps）。

◆ 『100Base-T』，a.k.a. Fast Ethernet，傳輸速度每秒可達100Mbps。

◆ 『1000Base-T』傳輸速度每秒可達1 gigabit或1000 Mbps。

◆ a.k.a. Gigabit Ethernet（GE），使用八條導線可接100公尺長，現在已宣稱速度可達
每秒10 Gbits以上，取名為10-Gbit Ethernet。

註：名稱最前面的數字表示傳送速度，"Base"表示網路是BASEBAND，接著的英文
字母表示傳輸線的種類及規格，例如：10Base-T表示傳輸速度每秒可達10 megabits
（Mbps），使用雙絞線；1000Base-F傳輸速度每秒可達1 gigabit或1000 Mbps，使用
光纖線。

EVENT 事件

MIDI用語，一個EVENT是MIDI資料的單位，例如打開或關閉一個音符，控制器的一段
訊息，一個程式的改變等等。

EXCITER or ENHANCER

EXCITER利用加入諧波失真產生特殊效果的訊號處理器,最常用在表演及錄音工作。大多數的聆聽者喜歡諧波失真,奇數與偶數階諧波音各有應用,心理聲學研究出偶數諧波音可以使聲音輕柔、溫暖、豐富,奇數諧波音使聲音變得金屬音較重,較空洞及明亮;低階諧波音控制音色的基礎,高階諧波音控制聲音的邊緣及細節,使用上有很大的區別,諧波失真可以戲劇性的改變原始音,產生意想不到的效果 。

EXPANDER 擴展器

擴展器的功能與壓縮器相反。全音域的擴展器很少用在現場成音或重播系統,它們的功用是在解除竊聽系統為了消除雜音,及無線電麥克風訊號遷就無線傳輸及接收能力而被壓縮的訊號,擴展器可以解除因錄音壓縮而失去的動態響應,以前LP唱片時代,為了怕跳針,錄音訊號都被壓縮至某一程度,無線電台為了遷就無線傳輸功率,一定要維持一定的增益,所有的聲音都被壓縮至某一程度,為了再聽到失去的動態響應,可以使用擴展器,擴展器也有擴展比例、觸發電平、啟動時間、釋放時間等參數可以調整,放LP唱片時,通常使用1.3:1的擴展比例,就可以找回較強的動態響應表情,當然現在使用CD,動態響應更大,壓縮少,有的發燒片甚至沒有壓縮,就用不到擴展器,但是FM電台還是必須將節目訊號電平壓縮後再發射給我們聽眾,擴展器還是有功用,但是使用擴展器一定要很小心,以免對系統有害。

現代的擴展器用法,通常只在觸發電平以下工作,也就是説,只在低音量的音響中工作,Downward擴展器就是形容這種應用的例子,最普遍的使用就是噪音消除,例如:觸發電平設在可被錄音的最小音量,擴展比率3:1,會發生甚麼事呢?當人聲停止時,在觸發電平設定點以下發生的衰減,就是人聲訊號(有唱)和噪底(沒唱)之間的改變,也就是説,最小訊號音量和噪底音量之間就產生音量差距減少,比方:最小訊號音量和噪底音量之間差-10dB,那麼擴展器輸出將為-30dB(因為擴展比率3:1,10dB的衰減變成30dB的衰減),其結果就是噪音消除增進20dB。

EXPANDER / GATE 擴展器 / 通道閘門

擴展器/通道閘門最大功能在於可從有用的訊號中不知不覺的消除不需要的背景噪音,擴展器可以自動減低所有低於觸發電平的整體節目電平。

擴展器的功能與壓縮/限幅器相反,通常在平坦的壓縮比曲線作用,因此訊號將會一直繼續的變小聲。通道閘門可視為高壓縮比的擴展器,如果訊號低於觸發電平,它會馬上把訊號衰減掉。

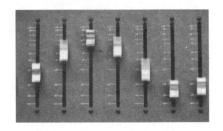

F | X Files
PROFESSIONAL AUDIO

FADE

1.) 音響用語：逐漸將音響訊號減小，是用電流量與
電阻關係，逐漸將音響預設音量減小至另一音量。
2.) 影像用語：相機的長鏡頭可以淡入淡出以取得不同
的場景；電影蒙太奇效果之一，可將當下場景淡入
後再淡出另一個場景，做時空環境的變換。

FADER 音量推桿

FADER音量推桿行程通常有60mm或100mm兩種，推桿行程愈長，操控愈有細節，它
的主要目的在混音時用來決定各聲道混音的比例，通常放在0記號位置，如果需要還
可以提供10dB的增益。是混音器原廠設定最好的SN比。

FADER CALIBRATION 推桿校正

馬達驅動的推桿，需要定期校正以維持最高品質的表現。

FADE IN 淡入

1.） 讓音量由無聲逐漸大聲。

2.） 影像由模糊變清楚。

FADE OUT 淡出

1.） 讓音量由大聲逐漸變成無聲。

2.） 讓影像由清楚變模糊。

FAQ =
FREQUENTLY ASKED QUESTION 常用問句

最常見於佈告欄，網站，服務中心的客戶服務項目，對於不熟悉業務或規則的人，提供明確簡潔的提示或解決辦法，利用常用問句的機構，可以不必重複回答同樣的問題，而節省很多時間。

FAR FIELD 遠場

監聽喇叭用語：距離音源3英呎以上範圍。

在密閉空間的音源，其音壓會隨著測量麥克風距離音源的距離而異，在一定的短距離之內，其音量會依循反平方根定律運作，會有一個所謂的自由音場Free Field，距離加大，從測量麥克風的音壓大小測量值會比利用反平方根定律的運算值減少很多，距離愈遠相差愈多，終於到達一個距離，其音壓將不隨著距離遠近而改變，這個區域叫做殘響音場REVEBERANT FIELD，自由音場與殘響音場之間的區域稱之為FAR FIELD遠場。

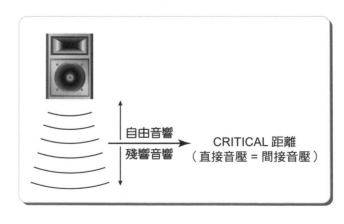

自由音響
殘響音響
CRITICAL 距離
（直接音壓＝間接音壓）

FEEDBACK 回授

混音機麥克風聲道的輸入增益設得太高使得從喇叭發出來的聲音又被麥克風收音而放大,因此產生持續性的嚎哮聲,解決的辦法是將增益關小或將聲道FADER拉下來一點,另一種辦法是利用等化器或回授抑制器將產生回授的頻率衰減,以便使音響系統的頻率響應較平坦。

FERRIC

磁帶的一種,表面塗裝材料為氧化鐵。

FERRO FLUID

一種鐵磁液體會附著於喇叭的磁鐵上,在磁場內鐵磁液體會變得較硬,離開磁場就會像滑潤油一樣,特別用在高音喇叭,主要用途是將音圈的高熱引導至磁鐵,鐵磁液體圍著音圈四周,磁場可以將它固定在磁溝內讓音圈散熱更快,效果比空氣更好。

FIBER OPTICS 光纖

利用玻璃纖維傳輸光及調變訊息的科技,短距離(小於45公尺)可以使用塑膠纖維,長距離一定要用玻璃纖維傳輸。

FIGURE-OF-EIGHT = BI-DIRECTIONAL PATTERN 八字型 / 雙指向

麥克風拾音的型式,只接受震膜前後的音源,拒絕兩側的音源接收,其極座標圖形像8而聞名。

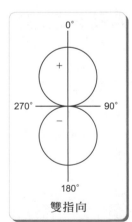

5.1 Surround Sound 5.1環繞音響

數位音響多聲道規格是由Moving Picture Experts Group(MPEG)電影專家集團公司為電影、雷射光碟、錄影帶、DVD及 HDTV 廣播的數位原聲帶編碼所研發的科技,"5.1"聲道(最早由THX公司的Tom Holman先生發明),是五個全頻寬20Hz~20kHz的聲道,包括:前左、前右、前中央、後左及後右聲道,所謂0.1就是頻寬20~120Hz的超低音聲道,這些術語都被Dolby Digital及DTS Consumer兩家公司所採用。

FILTER 濾波器

1.) 用來移除某頻率以上或以下的設備，能將頻率過濾，使聲音中某個頻率範圍增強或衰減。常見的濾波器有高通濾波器HIGH PASS FILTER，低通濾波器LOW PASS FILTER以及帶通濾波器BAND PASS FILTER。

2.) 等化器的一部分，是一種電子電路設計，用來加強或衰減特定的頻率範圍。

3.) 除去某些頻率訊號並保留其餘頻率的行為。

4.) 一種機械設備，用來平順的將磁帶機改變速度叫做SCRAPE FLUTTER FILTER 或SCRAPE FLUTTER IDLER。

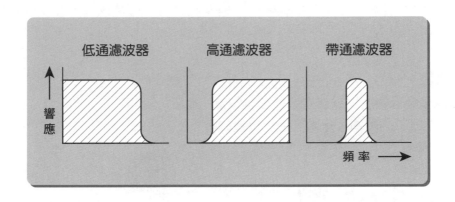

FLANGER 鑲邊吉他效果器

效果器的一種，它利用原音疊上稍微延遲音的原理，讓聲音產生出金屬感的迴旋聲。

FLANGING

模組式延遲效果利用回授產生一種戲劇性的音響效果。

FLAT

1.) 音樂用語：降半音。

2.) 音響用語：形容麥克風、擴大機等器材對頻率靈敏度的厘語，表示幾乎全部頻率都很平坦，通常誤差在2dB之內。

FLETCHER MUNSON EFFECT　弗萊徹蒙松效應

一種聽覺限制，由Fletcher Munson發表的Equal Loudness Contours等效響度曲線（低音量時比較難聽到低音與高音的聲音）。1930年初期，FLETCHER及MUNSON兩位教授開始從事測量人類對不同頻率聽覺的靈敏度，他們首先在音響範圍內發出非常低音量的各種頻率，來決定人類聽覺的最小音量，或聽得到的最輕柔的聲音，並以音量和頻率為座標畫圖，發現該曲線並不一致，會隨著頻率產生巨大的變化。人類聽覺最敏感的頻率範圍介於3kHz～4kHz之間，頻率3kHz以下，頻率愈低，靈敏度就降得愈低；4kHz以上，頻率愈高，靈敏度也會降低，但是不像低頻率降的那麼快，換句話說，很輕柔的聲音如果要被聽到它們的能量一定要比3～4kHz的頻率要大，這個結果，在前人的經驗就已經了解，只是尚未被人確實地測量過。

FLOOR

1.）輸入訊號經過擴展器或雜音閘門被衰減量的極限。

2.）NOISE FLOOR的簡稱，是噪音最大音量的意思。

3.）地板/樓層。

FLOOR TOMS　落地鼓

大型中鼓坐落在小鼓右方。

（如右圖）

FLOPPY DISK　磁碟片

電腦使用的一種儲存資料的磁碟片，標準高密度磁碟片最大容量為1.44MBYTES。

FLUTTER　抖動

1.）類比錄音用語。錄音機轉速不能保持定速的話，錄好的音樂其音準會改變，改變率高於5Hz或5Hz以上就叫做抖動。通常我們可在產品的規格表上看到WOW＆FLUTTER通稱為抖動

率，抖動事實上是頻率的變調，聽起來像顫抖的音樂，某些樂器是不能容許這種現象的，例如：鋼琴的音準絕不容許稍有誤差，弦樂器就比較聽不出來，通常錄音機可接受的抖動率為0.1%或以下，傳統黑膠唱盤的抖動率比較低是屬於Wow。

2.）電信用語。訊號參數任何急速的變動，例如：震幅、相位、及頻率。

FLUTTER ECHO

當聲音在兩片平行的反射面之間來回反射時，會產生共鳴的迴音。

$$f_1 = \frac{1130}{2L} = \frac{565}{L}$$

$$f_2 = \frac{1130}{2L} \times 2 = \frac{1130}{L}$$

$$f_3 = \frac{1130}{2L} \times 3 = \frac{1695}{L}$$

$$f_4 = \frac{1130}{2L} \times 4 = \frac{2260}{L}$$

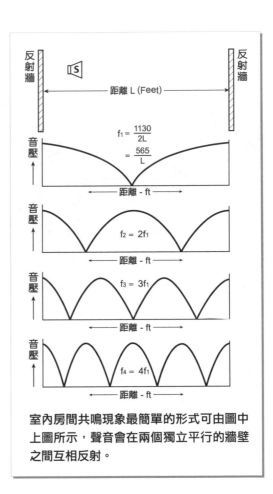

室內房間共鳴現象最簡單的形式可由圖中上圖所示，聲音會在兩個獨立平行的牆壁之間互相反射。

FLUTTER ECHO ACOUSTICS

建築聲學效果，當聲音在兩片平行的表面（大約相距7.5米）之間來回反射時，產生每秒約15次反射音的情形就是Flutter Echo；平行的表面距離小於7.5米食就會產生傳播不均的擾人駐波。

FOH PA = FRONT OF HOUSE PA 主場的設備

PA主場的設備，包括混音機、擴大機、喇叭、效果器等，通常舞台音響系統分為PA主場的設備及監聽設備，PA主場的設備是給觀眾聽的，監聽設備是給舞台上的表演者聽的。

Rolling Stones使用EV Line ARRAY喇叭在全世界巡迴演唱。

FOLDBACK 回饋

1.）現場演出時，將各聲道輸入的聲音，經由喇叭系統或耳機送給演出者去監聽自己或同台者現在所做出的聲音，係由監聽音控工程師控制。

2.）錄音室錄音時，演奏者或歌唱者可以用耳機聽到自己的聲音，也稱為" Cue "。

FOOT PEDAL 腳踏板

1.）一種效果設備，可以利用音樂家的 腳踩踏板的深淺，來控制效果音量的大小。

2.）打擊大鼓的踏板，用腳踩，還有雙踏板。

3.）任何設備，類似音量控制，利用腳操作的都稱為腳踏板。

FOOT SWITCH　腳踏開關
放在地上的一種開關，被音樂家踩，以便控制各種功能。

FORMANT
樂器或人聲的共鳴點不會因為正在彈奏或演唱的音符而改變，例如：不管 ACOUSTIC 吉他彈奏什麼音，琴身的共鳴點保持不變。

FORMAT　格式化
將電腦磁碟轉為備用所需要的程序。
格式化可把磁碟表面組織成一連串電子格，可以儲存資料，不同的電腦常使用不同的格式化系統。

FRAGMENTATION
為了儲存或洗掉檔案之便，將磁碟分成很多小單位。

FRAME 分格

電影或錄影帶一個靜止畫面所佔的時間。

35mm 電影膠片

聲音音軌

Free Field or Free Sound Field 自由音場

沒有界限的音場，或邊界很遠，反射音太小，對頻率響應沒有影響，可以忽略的音場；如果存在邊界，但是可以完全吸收聲音，那麼就產生模擬自由音場，例如：無響室就是用來測試喇叭的。

FREQUENCY 頻率

聲音是由振動而產生的，每秒鐘振動的次數稱為CPS也叫頻率Hertz簡寫為Hz；例如：一秒振動一次是 1Hz，一秒振動440 次就是440Hz，人類耳朵可以聽到的頻率範圍號稱為20Hz～20kHz，所以我們發現幾乎所有擴大機提供的頻率響應規格都是20Hz～20kHz，其實很多人根本聽不到20Hz或20kHz，甚至有的目錄標榜超級規格頻率響應可達10Hz～40kHz。

FREQUENCY DOUBLING

低音喇叭會產生的現象，該現象是最低頻率的第二階諧波失真，變得和基音一樣大聲或甚至更大聲，也就是說低音的高八度音比自己更大聲，此現象通常發生在喇叭過載的時候。

FREQUENCY RANGE 頻率範圍

使用頻率涵蓋的範圍。

FREQUENCY RESPONSE　頻率響應

頻率響應簡單的說就是振幅和頻率的關係,通常訊號輸出為Y軸,單位為dB,頻率響應為X軸(20Hz～20kHz),頻率響應包含音量及相位兩個部分,我們要了解頻率響應的正確意義,它被定義為是系統或某設備的特性,而不是訊號的特性。

對於單指向性麥克風,頻率響應規格是一個很重要的參考資料,通常單指向手握式麥克風的使用者,其嘴型通常不在麥克風震膜的中心軸位置,一般使用都有±45˚偏離中心軸的現象(尤其外行人的使用情形更嚴重),因此單指向性麥克風能涵蓋均勻頻率響應的偏離中心軸角度規格就很重要。

 注意!

頻率響應標示的意義:通常頻率響應以20Hz～20kHz±1dB表示,±1dB是什麼意思?真正的含意是在我們測試的頻寬20Hz～20kHz之間各頻率音量大小的差別最大不超過2dB,好的規格當然是頻寬愈廣,±誤差值愈小,如果規格寫的是20Hz～20kHz,並沒有標示±dB誤差值,則毫無意義,也可以說所有投標機器的規格都符合,這不能拿來做規格,寫規格的設計者,審標單的長官,投標的廠商,想搭便車的建築師,竄改原廠目錄甚至創造目錄只為得標不擇手段的廠商,只看目錄驗收的官員。拜託!麥擱裝笑啦!

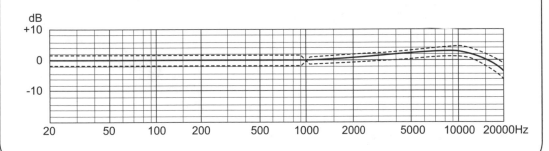

FSK = FREQUENCY SHIFT KEY

錄製同步時間訊號至錄音帶,以便和編曲機同步工作。

FUNDAMENTAL AND HARMONICS
基音及泛音（諧波音）

音樂是由基音及泛音組成的，泛音是基音的倍數，第一泛音就是基音本身，第二泛音就是基音頻率乘以2，第三泛音就是基音頻率乘以3，以此類推，音樂中泛音結構影響了它的音色及音質。

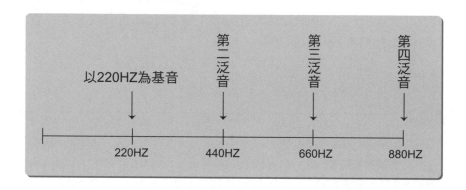

FUSE　保險絲

一種安全設備包含一個低熔點的電線，如果流經設備的電流量太高時，低熔點的電線會因為溫度升高而熔化，使得電路斷掉，以保護設備。

FUZZ BOX ALSO FUZZBOX

60年代最早的迷幻與重金屬搖滾樂風吉他效果器之一，早期的Fuzz效果器只是一個重度削峰信號，因為它加了很多偶數諧波訊號，有點像黑管的音色。

GAIN 增益

音響訊號其電壓、電流、或功率放大的量,以dB為單位(輸出電平和輸入電平之比率);例如:將電壓訊號放大兩倍,表示電壓增加6dB。〔歷史註解:起初gain/loss名詞只是功率的專用術語,Amplify/Attenuate名詞是電壓、電流的專用術語,雖然沒有明文規定,不過大家都如此使用,還有人說:是工廠將產品取錯名字,應該叫做Gainifier增益機,不是Amplifier 擴大機,因為我們不能放大功率,只能改變他的增益,Power gainifier功率增益機才是正確的產品名稱。

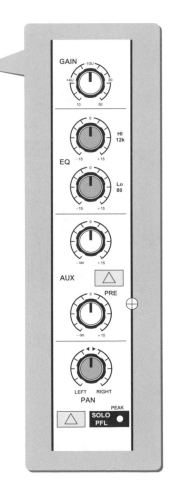

GAIN CONTROL 增益控制

增益開關的控制旋紐。

GAIN REDUCTION 增益衰減

壓縮器或限幅器的功能，用來在高電平出現時將增益降低。

(A) 觸發時間為 0 　　　　(B) 觸發時間為適中 　　　　(C) 長的觸發時間

未限制的訊號 　　　　訊號的震幅減小 　　　　訊號被限制

(D) 觸發時間為 0 的結果

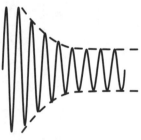

(E) 適中觸發時間的結果

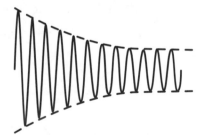

(F) 長觸發時間的結果

【觸發時間和聲波形狀的關係】

GATE 通道閘門

通道閘門，是電子電路的一種作用，像一個電子開關，決定將低於設定電平的訊號靜音，不准通過，可以壓抑真空管擴大機、效果器踏板及麥克風的背景噪音及嘶聲。通道閘門的開關是電壓控制，如果訊號本身的電平就可以決定通道閘門的開啟，這種叫做雜音閘門NOISE GATE。

GENERATING ELEMENT 動作元件

麥克風零件之一，實際轉換震膜的移動，成為電流或電壓的改變。

GENERATION

用來形容音響訊號被複製幾代了。

GENERATION LOSS

音響訊號被複製時，因為被加入了噪音及失真，使得聲音的清晰度變差。

GIG

音樂工作的厘語，幫音樂家安排演奏及表演的機會。

GLITCH

形容一個不想要的、短暫的訊號敗壞，或無法解釋的機器故障。

GLITTER 相位抖動

在類比數位轉換時，對於訊號取樣確實時間的不確定狀況叫做相位抖動，因此使得取樣的訊號產生了一些失真。

GOBO

1.）攝影用語：一個可以移動的幕，用來遮蔽光線拍照，或幫麥克風遮蔽噪音。

2.）聲學及錄音用語：一個吸音屏蔽，在多軌錄音時，用來隔離樂器的聲音，將串音減至最少。

GOLDEN SECTION 黃金率

房間高、寬、深尺寸的一種比例，可以得到好的室內音響效果，係由古代希臘人首先建議的，比例為W × H × L = 1.6 × 1 × 2.6（寬×高×長）。

GPO = GENERAL POWER OUTLET 電源插座

GRAPHIC EQUALIZE R = GRAPHIC EQ 圖形等化器

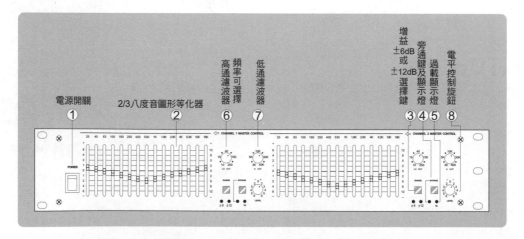

圖形等化器可以同時提供我們很多選擇的頻率以應工作需要（有15段，30段等），圖形等化器是峰值/峰谷型的，其Q值多為固定。

GROUND 接地

擴大機或其他音響器材的金屬機座不管是否真的接地均稱為接地，金屬機座也是電的導體，它作用成屏蔽以保護機體內部不受外來電磁場的干擾，外在電磁場會在電路中產生雜訊，金屬機座的屏蔽作用可以減少這種現象，而且屏蔽效果可以由金屬機座延伸到傳輸訊號的屏蔽訊號線，屏蔽訊號線是內部導體完全被外圈導體所包圍，外圈導體有屏蔽作用並和金屬機座連接，傳送有線電視訊號的同軸電纜就是最好的例子，如果兩個或兩個以上的音響器材接在一起，例如：前、後極擴大機，屏蔽訊號線的屏蔽導體負責連接各音響器材，使得全部器材的接地都相同，如果接地斷了，就會聽到60Hz的噪音或哼聲（HUM），因為台灣家用交流電源是110V/60Hz，電源延長線就好像無線電台發射塔一樣，會將60Hz的電磁場輻射出去，干擾了音響品質。

GROUNDING 接地

GROUND LIFT

一個開關可以將某一電路的地和其他電路的地切斷。

GROUND LIFTER

三插頭變二插頭的轉換器，用來切斷電源輸出的第三腳。警告：利用地線切斷開關使機器外殼無接地連接，又不改用其他方法接地，是很危險的。

GROUND LOOP 接地回路

很多地線連接造成的接線問題，使音響系統受到哼聲干擾，也稱作EARTH LOOPS。

GROUP 群組

群組輸出為XLR或TRS立體1/4"PHONE接頭，並有FADER之前的插入點，群組輸出可送給整體混音或矩陣式輸出。

群組最通常的一種功能就是利用一支推桿控制數個聲道音量，例如：鼓收音的麥克風可能有6支以上，我們將所有鼓的收音指派到一個群組去，這樣只需要控制一個推桿，否則要同時控制6個以上的推桿，這種功能叫做副控群組SUBGROUP功能，我們也可以用來控制多位人聲合音的混音。

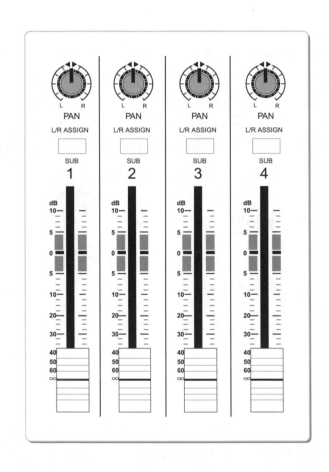

HARD DISK　HD硬碟

一種儲存裝置,簡稱HD,可將電腦或硬碟錄音座上的數
位資料儲存在這裡。硬碟具有容量大、速度快、隨機存
取特性,是電腦上的基本配備,而數位錄音座也以硬碟
儲存為主要潮流,最新的DVD錄影機也開始內建硬碟。

HARD DISK RECORDER　HDR硬碟錄音座

一種數位錄音座,經過數位化會儲存在硬碟上
的聲音。

右圖為ALesis HD24抽取式硬碟24軌錄音機,
亦可利用連線兩台或多台同步錄48軌或48軌
以上。

HARMONIC　諧波

1000Hz的諧波是2000Hz、3000Hz、4000Hz…

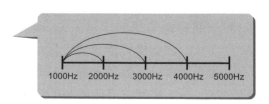

1000Hz　2000Hz　3000Hz　4000Hz　5000Hz

HARMONIC DISTORTION 諧波失眞

完美的音響設備,例如:擴大機或錄音機它們的輸出訊號和輸入訊號除了功率電平可能被加大之外,應該沒有其他任何改變,但是完美的音響設備並不存在,因為輸出訊號總是會有某方面的失真,最簡單的失真型式是輸出訊號被添上輸入訊號的諧波,這種失真我們稱之為諧波失真,以百分比為單位,如果擴大機在1000Hz輸出10伏特時,又被添入1伏特的2000Hz輸出,我們就稱10%的第二諧波失真,諧波失真可用頻譜儀來測量,頻譜儀可以顯示各個不同諧波的變化值,所有添入的諧波電平之和稱為總諧波失真TOTAL HARMONIC DISTORTION或THD,這種訊號可用示波器顯示出典型的正弦波形。

不同的音響設備會產生不同類型的諧波失真,例如:類比類錄音機輸出會添加奇數的諧波、擴大機輸出會添加偶數及奇數的諧波、真空管擴大機輸出會加入低階的諧波,晶體擴大機輸出會傾向加入高階的諧波,不同階的諧波加入輸出也造成各種音響器材不同的音色特性,總諧波失真如果包括第二階諧波,聲音會比較吵,某些前、後級擴大機過載時,就會產生這種型態的失真;第三階諧波失真將會使音色變得較悶,是我們不喜歡的聲音。

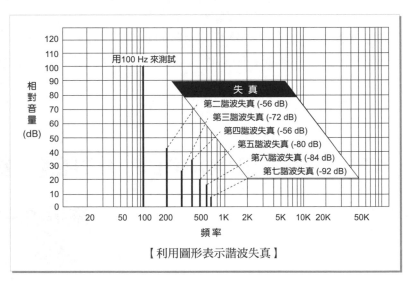

【利用圖形表示諧波失真】

HASS EFFECT 哈斯效應

哈斯效應討論同一個訊號,以些微時間差距傳到兩隻耳朵所產生立體音場效果的定位現象。

如果一個短暫的聲音訊號,先傳到人的一隻耳朵後,延遲幾毫秒後再傳到另一隻耳朵,人耳的聽覺會判斷出聲音是從比較先聽到的那隻耳朵的方向發出來,如果聲音同時到達兩隻耳朵,我們會感覺聲音在正中央的位置,如果延遲時間加長,聲音從先發聲的方向移到另一個方向的距離也會加大,延遲時間大約在25～35毫秒之間,如果延遲時間再加大,我們就會感覺聽到兩個聲音,而不是一個聲音在頭的兩側移動。哈斯效應也可以被解釋為:如果聲音從兩個地點傳送到聆聽者的雙耳,例如:成音系統舞台兩側的喇叭組合,聲音將被定位在先發聲的喇叭位置,另一側延遲喇叭的聲音即使比較大聲,也將聽不到(大聲10dB也聽不到),哈斯效應是一種感官抑制的例子,感官抑制就是人體對某一種刺激的反應,使得對另一個刺激發生反映抑制的情形,這種科學是心理物理學的一種。

HAVI = Home Audio / Video Interoperability

家庭網路設計的工業標準,用來連接消費者電子產品,由八大消費者巨人所研發:Grundig、Hitachi、Panasonic、Philips、Sharp、Sony、Thomson Multimedia and Toshiba。這個協議的主軸是根據IEEE 1394的介面規範,去連接數位電視、機上盒、DVD播放機,及其他數位消費者產品。

HDMI =
HIGH DEFINITION MULTIMEDIA INTER-FACE
高解析度多媒體介面

目前AV市場最高解析度的聲音及影像的介面,適用於High-End等級的藍光機DVD播放機、HDTV、AV諧調環繞擴大機等;HDMI由Hitachi、Panasonic、Sony、Silicon Image、Thomson及Toshiba等公司合作研究,其傳輸的是像水晶一樣清晰的全數位、高解析度的影像及多聲道音響,是LCD顯示幕、電漿電視,LED顯示幕及相關產品數位訊號連接的標準,只要一條線就能傳送完整的影音訊號,並且和DVI
完全相容,因為它可以傳送:

1.)高解析度未壓縮的影像資訊。
2.)壓縮或未壓縮的多聲道音響。
3.)智慧型格式轉換及指令資料。
4.)3D影像。

HDMI
數位HDTV線

HEADPHONES 耳機

HEADROOM　容許範圍（餘裕）

擴大機或音響設備正常工作電平和削峰電平之差（以dB為單位）稱為餘裕。
類似的電平差異，係錄音帶工作電平和產生3%失真電平之差。

HEADSET　耳機＋麥克風

體育記者轉播運動節目或DJ控制RE-MIX必須同時
或輪流多次使用耳機與麥克風，其耳機部分又分單
耳，雙耳，其麥克風部分，必須靈敏度高，近距離
大聲說話不失真，臨近效應不明顯，又可消除某一
程度的現場噪音。

HEARING LIMITATION　聽覺限制

某種狀況之下，耳朵無法聽到聲音重要的特質，影響的因素有音準、音量、清晰度、
方向性等。

HEAT SINK　散熱器

散熱器是用來擴散半導體工作時產生的高溫，使其保
持穩定的工作狀況，如果散熱器不夠力，還可使用內
建風扇強迫驅散機體內的高溫，有的風扇還有不同的
轉速，可依溫度高低而改變，所以會產生高溫的器材
一定要放在通風良好的位置，否則節目進行到一半，
我們的系統因為過熱，將保護裝置啟動而當掉就慘
了！（如右圖）

散熱片在機器的左右兩側。

HELMHOLTZ RESONATOR 荷姆斯共鳴器

一種自然形式的共鳴器，可將某種容器內的空氣經由管子或短隧道和大氣連接，容器內空氣自然的彈性會和管子或短隧道裡的空氣質量互動，並產生出高頻率的共鳴聲，該頻率的高低和容器容積成反比。荷姆斯共鳴器常用在喇叭設計中。HERMANN VON HELMHOLTZ赫曼荷姆斯，19世紀最偉大的德國建築聲樂家，發明荷姆斯共鳴器，他是第一位利用科學來分析聲音的建築聲樂家。

HERTZ = Hz 赫茲

這個字多半以簡寫Hz出現。它是一種度量單位，用來表示聲波振盪的頻率。例如：100Hz表示聲波在一秒內振盪100次。赫茲數越大，代表頻率越高。

HIGH IMPEDANCE 高阻抗

阻抗5000歐姆以上，叫高阻抗。

HIGH-IMPEDANCE MIC 高阻抗麥克風

麥克風阻抗20k歐姆以上，叫高阻抗麥克風。

SUPERLUX D109
高抗阻麥克風

HIGH-PASS FILTER 高通濾波器

濾波器讓某一種頻率以上的聲音均勻的通過，該頻率以下的部分將被濾掉，通常以每一音程衰減18dB的方式過濾，高通濾波器在頻率響應上會有一個截止頻率出現；所謂截止頻率請參考CUT OFF FREQUENCY的名詞解釋。

高通濾波器按鍵常在混音器MONO聲道出現，按下此鈕，在輸入放大器之後，會在訊號路徑中串接一個低頻衰減器，其衰減率約從75、80或100Hz以下開始，每八度減少18dB，也稱作低音截止濾波器。

收人聲的時候，有必要按下這個濾波器（即使是收男聲）。當然，此濾波器也可以用來濾掉"哼"聲（胸腔共鳴聲），或舞台低頻率共鳴聲，可以使音響較清晰。

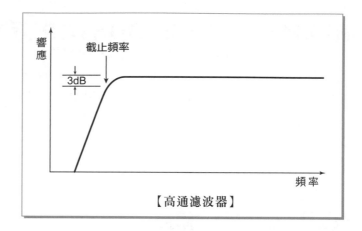

【高通濾波器】

HISS 嘶聲
這是所有類比錄音器材普遍的背景雜音，這種雜音在小型的錄音帶上尤其明顯。

HORN 號角
喇叭單體或喇叭箱其音波被強行通過一個狹窄的空間（經過喇叭圓錐或驅動器）再投射至較大的空間。

HRTF = Head-Related Transfer Function
頭部相關變換功能
耳鼓聽到脈衝波音源的響應叫做：Head-Related Impulse Response（HRIR）頭部相關脈衝響應，他的傅立葉變換叫做頭部相關變換功能（HRTF），The HRTF抓到了音源位置的所有線索，其四個變數是非常複雜的功能：包括三個空間座標（Azimuth方位角度、Elevation 高度 & Range 範圍）及頻率；最麻煩的是、它們的改變是因人而異，雙耳時間差，雙耳時間延遲以及因為軀幹、肩膀、頭，及耳廓引起的聲波繞射的物理現象，使到達耳鼓的聲音頻譜改變，這些改變可以讓我們在3D空間辨認出聲音音源的位置，這都是利用 HRTF的功能，HRTF的研究始於'70s早期。

HTML = HYPERTEXT MARKUP LANGUAGE

用於INTERNET網際網路的軟體語言,可製作網頁包含超文字。

Huffman Coding or Huffman Algorithm
霍夫曼編碼

MP3及AAC技術之一,用在數位音響資料壓縮,霍夫曼編碼幾乎運用在所有跟數位資料壓縮與傳輸的應用上,例如:傳真機、數據機、電腦網路,及高解析度電視。

HUM 哼聲

音響訊號內60Hz或120Hz的頻率被稱為哼聲,哼聲最常由60Hz的電源線感應而得,要消除它們很困難,哼聲會經由幾種不同的方法傳入音響訊號,例

雙絞線

如:環繞全國的電源線傳送電能的結果,使電源線像一個巨大的發射天線,將60Hz的電流利用電磁感應傳到訊號線,使得音響訊號線產生哼聲;為了防止電磁感應,音響訊號線使用電場屏蔽訊號線,為了防止電磁感應,長距離的訊號線一定是平衡式,而非平衡式兩束導體傳送訊號的線一定是採用雙絞線編織的方式(TWISTED-PAIR)。
另一種會感應哼聲的是電源供應器,電源變壓器會輻射出60Hz的磁場,讓近距離的錄音機錄音頭、放音頭或唱頭經由電磁感應哼聲,因為電源供應器輻射出來的磁場並不是全方位均勻分佈,所以有時候把電源供應器改變方向放置,可能可以把哼聲降低。
電視廣播干擾也會讓音響器材感應哼聲,天線和電視擺放的位置要特別注意。

HUMBUCKING PICKUP 交流電感應抑制拾音器

音樂樂器用語,電吉他拾音器的設計,用來減小器材本身產生的50Hz或60Hz哼聲,通常利用兩個繞線相反的線圈,產生相反的電磁場,來抵銷感應得來的哼聲及其他噪音干擾;是Gibson 1955年的專利,由Seth Lover工程師發明,1956年開始使用在Gibson Steel Guitars上,1957年Les Paul也採用;Leo Fender自己的Humbucking Pickup專利亦於1957年取得。

HYBRID

電話通訊用語，用來形容一個介面盒，可以將會話或資料訊號的四線系統轉換為雙線系統（每一對線負責傳送每一個方向的會話或資料訊號），反者亦然（也就是雙線轉換為四線）；這是必須的，因為所有長途電路都是四線系統，所有當地線路幾乎都是雙線系統，在電話系統使用Hybrid Coil的由來，起初是為了想將接收與輸送訊號分離，然而所有類比及數位Hybrid設計都面臨一個最基本，卻最無法避免的問題：就是任何雙線轉換為四線的設計，都會在接收與輸送訊號之間產生串音，類比Hybrids設計衰減串音的方法是，以偵測傳送擴大機的阻抗變化為依據，因為電話線的阻抗很複雜，並不會聽命於一個簡單的被動式RLC電路，只可能得到10dB至15dB的串音衰減效果；數位Hybrids設計使用DSP技術模擬及動態式的應變，可以提供比類比設計更大的串音衰減效果，最少可以減低30dB至40dB，然而，最好的數位Hybrids需加入室內回音取消（AEC）電路，藉以獲得更大的改進。AEC負責取消任何從喇叭殘留下的訊號（遠端接收訊號），在麥克風訊號傳至遠方成為回音之前就先刪除，數位Hybrids加入AEC的成就為：將總洩漏音降低50dB至65dB。

HYPERLINK 超連接

電子郵件、Word檔、Excel檔的內文中，允許利用單一的字或片語連接兩個網路資源的協定；使用者利用點選的方法即可產生連接，通常滑鼠經過時，會變色。

HYBIRD SHIELD TERMINATION

音響接線用語，接線技術術語，屏蔽接在導線輸出端的金屬殼上可以和導線另一端的金屬殼產生capacitively-coupled電容耦合，例如：Neutrik's EMC-XLR的設計。

HTTP = HYPERTEXT TRANSFER PROTOCOL

可在INTERNET網際網路傳送文件的協定名稱，被很多伺服器及瀏覽器使用在網內傳輸文件。

HYPERPHYSICS 超物理

由美國喬治州立大學，物理及天文學系教授Carl R.（Rod）Nave提出的網站觀念，是物理觀念的探索環境，他提出很多觀念地圖及其他連結策略，以達成順利的網際巡航。

HYPERTEXT

在ＷＷＷ文件的使用上，其段落、文字、圖畫、照片或聲音的連接語叫做HYPERTEXT，HYPERTEXT使用HTML軟體語言，也常用在說明檔案。

HYPER-CARDIOID 單指向性超高心形麥克風

是單指向性心形麥克風的一種，但對於兩側收音的靈敏度比較低，當麥克風的音源必須維持一段距離時，為了防止收到太多的環境殘響，就可使用單指向性超高心形麥克風，電視台及拍電影同步收音時，最常使用這種麥克風，因為必須看不到麥克風，麥克風都放在有一段距離的音源上方，拾音靈敏度最差的點是偏軸大於90度小於150度或小於270度大於210度之處，通常為120度或240度。

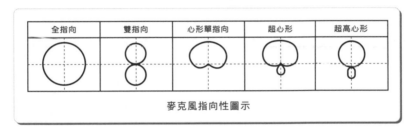

麥克風指向性圖示

IC = INTEGRATED CIRCUIT 積體電路

晶體設備，具有迷你獨立的主動式零件，組成於單一的半導體物質。

ICON 圖像

電腦螢幕裡的一個圖像或符號，代表是一個檔案、程式或可使用的磁碟機。

IEC = INTERNATIONAL ELECTROTECHNICAL COMMISSION
國際電子技術協會

歐洲組織，總部在日內瓦，牽涉到電氣及電子的國際標準化領域。美國國家協會 U.S. National Committee 的 IEC 運作被涵蓋在美國國家標準局 ANSI 之內。

IEC958 Part-2 （消費者等級）

一個數位介面格式，用在消費型數位音響器材之間傳播數位音響資料，例如：CD、DAT、DCC及MD錄音機等，兩聲道的數位音響（左及右）利用一個同軸PHONO/RCA接線連接，這種格式稱為S/PDIF；S/PDIF是Sony/Phillips數位介面格式Sony/Phillips Digital Interface Format的簡寫，由Sony及Phillips公司支援。某些系統使用光纖線做連接。

IEC958 Part-3 （AES / EBU 專業等級）

一個數位介面約定，用來在專業數位音響器材之間傳播數位音響資料，例如：PCM、DAT、模組式多軌錄音機等，兩聲道的數位音響（左及右）利用一條AES-EBU接線連接，係XLR-3接頭。

IEEE =
INSTITUTE OF ELECTRICAL AND ELECTRONIC ENGINEERS

最大的專業電子工程師組織，主要業務為關心教育的推廣及標準的制定。

IM DISTORTION =
INTERMODULATION DISTORTION
互調失眞

任何兩個音色1及2通過一個非線性設備時，會產生音色1+2及音色1-2的互調失真，並不會存在原音色裡，這些失真的元素叫做上部側頻帶UPPER SIDEBAND及下部側頻帶LOWER SIDEBAND，通常上部側頻帶的頻率都超過人耳聽的到的音域，下部側頻帶在人耳聽的到的頻率範圍，也最明顯。

IMPEDANCE 阻抗

電子電路包含直流電,電流量 I = V/R,這是有名的歐姆定律。電子電路包含交流電就比較複雜,交流電阻被稱為阻抗,其單位是歐姆,音響電路或器材有不同的阻抗,例如喇叭是低阻抗設備,大約4~8歐姆而已,阻抗小表示經過的電流量大,喇叭承受的功率等於電壓乘以電流的值;電容式麥克風收音頭是高阻抗設備,超過百萬歐姆,所以電容式麥克風收音頭產生的電流就很微小。低阻抗線路較不容易像高阻抗線路受到電子干擾,例如:60Hz的哼聲,大部分的音響設備都是用訊號線連接的,廣播工業界大部分聲音的傳輸是使用阻抗600 Ω 的線,只有喇叭線例外,喇叭線的阻抗就很低。

我們常常聽人說:音響連接出了問題,是阻抗匹配不對的說法,是早期使用變壓器輸出與輸入的觀念,事實上阻抗根本不會在電子式音響系統中相等,以避免大量的信號損失,而 10~100 倍的負載,所引起的高頻反射在音頻系統中並不嚴重,譬如說一台擴大機驅動阻抗8 Ω 的喇叭,其擴大機輸出阻抗比1 Ω 還小,如果是8 Ω 則將會有一半的功率是消耗在擴大機內部,太浪費了。然而在高頻的無線電和視訊傳輸上,阻抗匹配就很重要,恰當的阻抗匹配將反射波降到最低,可以避免產生雙重影像或鬼影。

IMPEDANCE MATCHING 阻抗匹配

使得或轉換設備的輸出阻抗,匹配輸入設備的阻抗。

INITIALISE 初始化

自動回復至機器原廠設定狀態。

IN-LINE MIXER

Inline Mixer是附有推桿的混音台,每一個聲道的控制鈕或按鍵都是垂直排列,Non-Inline Mixer沒有推桿,可以裝在19"寬的機櫃上,通常只有1U高(約1.75"或 4.45cm),所有的控制鈕或按鍵都是水平排列,Inline Mixer加裝耳朵之後,也可以上機櫃,通常高達10U或10U以上。

INPUT 輸入

這是一個用來接收聲音訊號的端子（插孔）。

INPUT LEVEL 輸入音量

音源訊號送入混音器聲道的音量。

INPUT OVERLOAD DISTORTION 輸入過載失真

輸入擴大機或前極擴大機的訊號過大所產生的失真，它和音量開關的設定無關，經常
發生在麥克風靠近音源太近或增益旋鈕調整過大的時候，這種失真可以用增益衰減
或PAD按鍵來控制。

INPUT SENSITIVITY = GAIN 輸入靈敏度（增益）

本旋鈕控制本聲道送混音器其他部位電平大小，增益太高訊號會失真，使得聲道負荷
過載，太低則背景噪音太明顯，可能也無法獲得足夠的訊號電平提供混音輸出。使用
高電平輸入時請將增益轉小。

INSERT 插入點

混音機的插入點通常都做為訊號迴路中的插斷點，可讓訊號從此點由混音機接出至其
他外部設備，然後再由原插斷點接頭送回混音機。除非插入點被插頭插入，否則此插
座是旁通的;通常插入點用來外接限幅器或等化器。因為僅利用一個插入點來輸出、入
訊號。有兩種方法接線：

（一）用一條兩端為立體 1/4" 耳機接頭接線（如下頁圖），利用RING負責效果器輸
　　　出，TIP負責效果器輸入。

Insert Leads 插入點

TIP RING SLEEVE

SLEEVE   TIP

SLEEVE   TIP

Tip ○
Ring ○
Sleeve ○

○ Tip (Send)
○ Sleeve
○ Tip (Return)
○ Sleeve

TIP RING SLEEVE

Tip ○
Ring ○
Sleeve ○

○ 1
○ 2 (Send)
○ 3
○ 1
○ 2 (Return)
○ 3

TIP RING SLEEVE

Tip ○
Ring ○
Sleeve ○

○ Centre (Send)
○ Screen
○ Centre (Return)
○ Screen

（二）用一條一端如圖接點，另一端用一種特殊的Y型接法，它是兩個插頭分別負責
　　　輸入及輸出。這種線與連接耳機座輸出分開到左右聲道的插頭是一樣的。

INSULATOR　絕緣體
不導電物質。

INTEGRATED AMPLIFIER　綜合式擴大機
一台擴大機包含兩個部份：前極擴大機及後極擴大機，稱為綜合式擴大機，通常用於
HI-FI音響。

INTERFACE　介面
二個或更多器材互相媒介的設備，例
如：MIDI介面可以利用MIDI樂器及鍵
盤和電腦溝通。

AUDIOPHILE USB
音訊/MIDI及數位輸出/入的外接式USB音訊介面

INTERMODULATION DISTORTION　互調失眞

詳 IM DISTORTION。

INTERNATIONAL SYSTEM OF UNITS
國際系統單位

1960召開的第11屆國際度量衡大會，對公制系統作了一致的結論，將國際系統取了新名稱，並簡稱SI，在SI系統內，所有物理單位將遵從七個基本標準，所有電子單位將採用公尺，公斤，秒以及安培。

除了設立標準測量單位之外，SI也建議很多其他的標準，像六角螺絲、螺母的直徑，螺絲每公分長有多少牙，鋼纜尺寸等。

INVERSE SQUARE LAW
反平方根定律

點音源輻射至三度空間其音壓會隨距離拉遠而衰減，通常距離增加一倍，音壓衰減6dB。

如圖，點音源的能量平均分佈在球形體表面上，隨著與點音源的距離增加，其聲音強度和該距離平方呈反比。

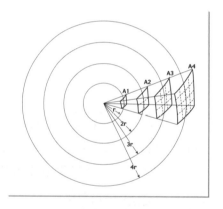

I / O = INPUT / OUTPUT　輸入/輸出

IP = INTERNET PROTOCOL　網路協定

IP是網路工作最重要的協定，最早是美國國防部研發來支援網路內部不同電腦互通的工作，網路協定是一個標準軟體，可以將訊息送去各個網址，路由器，並可辨認輸入的訊息，於1981年標準化，這個協定必須和TCP一起工作，被稱為TCP/IP。

ISDN =
INTEGRATED SERVICES DIGITAL NETWORK

高容量數位電話通訊網路（主要使用光纖線）以國際電話標準為基礎，用數位格式傳遞聲音資料與訊號，是衛星連線以外，另一個比較便宜的通訊方式。

IPS = INCHES PER SECOND 每秒英吋

用來形容錄音帶行進的速度。

IRQ = INTERRUPT REQUEST

電腦工作系統的一部分，允許與電腦連接的設備可以得到處理器的注意，以便資料的接收與輸出。

ISO =
INTERNATIONAL STANDARD ORGANIZATION =
INTERNATIONAL ORGANIZATION for
STANDARDIZATION
國際標準組織

1947年成立，由90個以上的國家成員組成，ISO組織提倡國際標準的發展以及相關的活動，協助國際貨物及服務之交流。美國會員就是 ANSI。【有趣的茶餘飯後消息：根據ISO網站消息，ISO不是縮寫，是希臘字isos的衍伸，是平等的意思，例如：isobar是等壓或isometric是等長。】

ISO 中心頻率

ISO（International Standard Organization）國際標準組織為圖形等化器建立的標準中心頻率，這些特定的頻率都被所有的製造廠商採用，ISO標準頻率的建立使得等化器有了統一規格，方便了使用者，因為任何同等型式的等化器都有相同的頻率範圍可調，即使您使用不熟悉品牌的產品也不怕不會操作。

其中心頻率為 16、20、25、31.5、40、50、63、80、100、125、160、200、250、315、400、500、630、800、1000、1250、1600、2000、2500、3150、4000、5000、6300、8000、10000、12500及16000Hz。

ISOLATION BOOTH / ISOLATION ROOM

一個房間可以防止其他大聲樂器串音進來，隔音間通常很小，只能給一個人用。

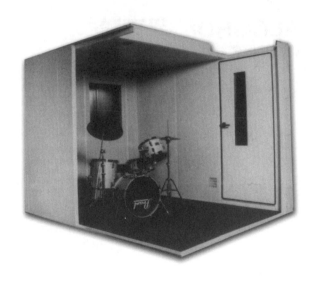

ISOLATION TRANSFORMER 隔離變壓器

隔離變壓器是一種變壓器可以將音響系統或器材的使用電源與其他設備使用的電源隔離，電源線的第三條是所謂的電源接地線，是要和電源分電盤的地線接在一起，很多器材連在一條電源線時，如果用電沒有適當的接地線處理，這個地線通常會有電流產生；因為電線本身有電阻，同一種建築物不同的電源輸出，它們的地線連接可能會有不同的電位，如果有電器設備接在不同地點的電源插座，很可能產生接地迴路，這時問題就大了，例如：混音機使用在舞台對面的插座供應電源，100公尺外舞台上的吉他擴大機使用另一組插座，吉他擴大機前級輸出亦有接線倒送回混音機，這時哼聲就很容易被感應。

隔離變壓器可以截斷電源線之間的火線與中性線，維持地線的接地特性，消除接地線上產生的電流以防止哼聲的感應。

ISOPROPYL ALCOHOL 異丙醇

一種酒精用來為錄音機磁頭及倒帶輪做清潔及去油脂的工作。

J·K

X Files
PROFESSIONAL AUDIO

J
K

JACK

音響接頭，有MONO或立體兩種。

MONO　　　　　　　立體

JITTER 抖動

理想情況下，一個頻率固定的完美脈衝
信號，其週期持續時間應該一樣，但不
幸的是，這種信號並不存在。如右圖所
示，信號周期的長度總會有一定變化，
從而導致下一個邊際出現的時間不確
定；這種不確定就是抖動。抖動通常

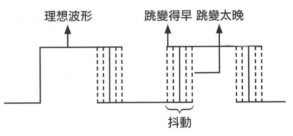

理想波形　　　　跳變得早 跳變太晚

抖動

肇因於串音，以及其它週期性發生的干擾訊號，可以比方為數位的抖動率；在高速系
統中，時鐘或振盪器波形的時序誤差會限制一個數字I/O輸出/入的最大速率。不僅如
此，它還會導致通信鏈路的誤差增大，甚至限制A/D轉換器的動態範圍。

JPEG =
JOINT PHOTOGRAPHIC EXPERTS GROUP

發音為jay-peg，JPEG是一種LOSSY類壓縮技術，使用在彩色畫像，雖然它可以將檔案
尺寸減少大約5%，但是某些細節在壓縮中已遺失。

JOULE ABBR. J or j. 焦耳

1.）電子、機械、及熱能量的單位。

2.）a.電子能量單位，等於一安培的電流通過一歐姆的電阻一秒鐘的能量。

     b.能量單位，等於一牛頓工作一公尺的能量。

JOULE'S LAW 焦耳定律

James Prescott Joule 於1841年發表的方程式 $P=I2R$；$P=IE$；& $P=E2/R$，電流通過導體時所產生的熱量，與導體電阻值、通電時間成正比，與電流的平方亦成正比，此稱為焦耳定律。

k 代表1000 = KILO

K2HD = K2 High Definition

母帶錄音用語，一種發燒級CD母帶製作及re-mastering母帶重製技術，是由JVC所採用的，全部母帶製作步驟都使用24-位元/100kHz的取樣頻率，最後才製成16-位元CD成品，他們說這樣才能讓聽眾得到最佳的16-位元CD錄音。

1Km = 1000m

kHz 仟赫 = 1000Hz

這是KiloHertz的縮寫，也是一種度量單位。1kHz相當於 1000Hz。

1K Ohm = 1000 Ohms

LAN = Local Area Network 區域網路

至少兩台電腦及其週邊設備之組合，利用網路線連接一起，區域內任何週邊設備的資料可以做雙向通訊。

LANSING ICONIC LOUDSPEAKER

Lansing喇叭公司於1927年製造的第一款錄音監聽喇叭。

LATENCY A / D D / A延遲時間

數位錄音中，音樂是經過類比/數位轉換A/D，再經過D/A數位/類比轉換的處理，才能回到喇叭或耳機被錄音師聽到，這過程是需要花時間的，即使只是很短的時間。正常來說，A/D及D/A的過程各需1.5ms（毫秒）。

LAVITORY 領夾式麥克風

領夾式麥克風是一種小型電容式麥克風，設計要穿戴在人身上。第一個領夾式麥克風是繫在圍著頸部的鏈條上，使用法國名稱是因為像Lavalliere（一種法國頸飾）的安裝方式，掛在圍著頸部的掛環上，現在大多數的領夾式麥克風是利用夾子夾著。

SUPERLUX WO-518B/XLR
領夾式麥克風

LCD = LIQUID CRYSTAL DISPLAY
液晶顯示螢幕

為LCD液晶顯示螢幕。（如右圖）

LEAD

音樂樂器演奏歌曲的主旋律。

LEAD SHEET

五線譜，內容包括旋律、歌詞、合弦及音樂音符記號。

LEAKAGE

不該被麥克風拾音的其他樂器聲及音源。

LED = LIGHT EMITTING DIODE

一種固體燈，允許電流只以一個方
向流動，施加的電壓到達某一程度
或超過時，就會亮燈。

LEVEL

這是音量的統稱。也是用來表示輸
出入端子所送出/接收的音量基準。

LEVELER 音量控制器

動態處理器，會依照第二個訊號的音量來控制第一個訊號的音量大小，通常，第二個訊號是從麥克風拾取環境噪音，例如：餐廳的背景音樂要比環境噪音音量大聲一個程度，The leveler音量控制器會偵測背景噪音，並以動態的方式增加或減少主要音響訊號，以維持和背景噪音之間產生一個固定的音量差異，也稱做環境噪音補償器，或聲壓控制器。

LEVELLING 電平調整

使用壓縮機時，電平調整可以將輸出電平保持常數，也就是說可以補償音樂節目長程增益的改變，卻不影響短程的動態效果，通常觸發電平要調的很低，才能將低電平訊號音量增大，電平調整需要SLOW慢的觸發速度及釋放時間結合高的壓縮比，因為反應時間比較慢，使得電平調整功能對訊號峰值或短程改變來不及反應，而不失短程動態的效果。

LFO = LOW FREQUENCY OSCILLATOR
低音頻率震動器

一種震盪器會送出一個介於1Hz及10Hz的直流電訊號，當作一種控制訊號。

LIMITER 限幅器

一種特別的壓縮器，不論輸入電平有多大，都可以防止輸出訊號超過某預設的電平，限幅器最常用在流行歌人聲錄音的特效，經過限幅的人聲演唱者失控時也可以將錄音電平保持同一電平。限幅器有時用在音響系統的擴大機之前或無線電發射機之前，以免不可預料的高電平訊號造成過載及嚴重的失真。

LIMITING 限幅

限幅功能需要快的啟動速度、高壓縮比及快的釋放時間設定，限幅可以獨立控制並有特定用途，通常限幅器只限制高峰值訊號，因此觸發電平設的很高，動態響應的損失將依壓縮比設定及超過觸發點的程度而定。啟動速度不影響超過觸發電平的訊號峰值，只用來限幅整個正常的節目內容，那麼啟動速度要高於20ms。

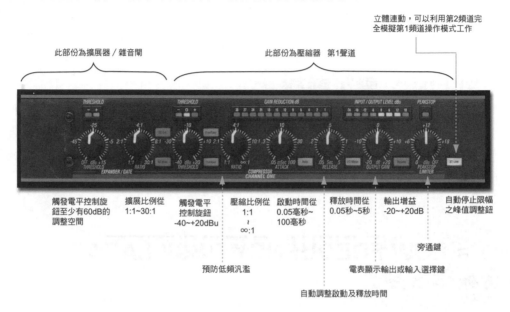

立體連動，可以利用第2頻道完全模擬第1頻道操作模式工作

此部份為擴展器 / 雜音閘

此部份為壓縮器 第1聲道

觸發電平控制旋鈕至少有60dB的調整空間

擴展比例從1:1~30:1

觸發電平控制旋鈕-40~+20dBu

壓縮比例從1:1 ι ∞:1

啟動時間從0.05毫秒~100毫秒

釋放時間從0.05秒~5秒

輸出增益-20~+20dB

自動停止限幅之峰值調整鈕

旁通鍵

預防低頻汎濫

電表顯示輸出或輸入選擇鍵

自動調整啟動及釋放時間

LINEAR 線性

設備輸出訊號的改變，其狀況和輸入訊號改變的狀況互呈比例。

LINE ARRAYS 線性陣列喇叭

1.）Uniform array 均勻的陣列：
較小的場地一般使用2-8支喇叭安排成一面平直的喇叭陣列，通常吊在觀眾上方。（如圖1）

2.）Constant splay array 固定扇形陣列：
演唱會大廳的設定，利用每一個音箱相同傾斜的角度，形成一個平順的弧度，得到一個較寬廣的音束寬度，演唱會喜歡這樣的設計，尤其適合有陽台包廂觀眾席的劇院。（如圖2）

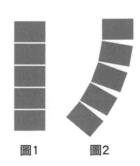

圖1   圖2

3.) Progressive splay array 改良扇形陣列：
    結合以上兩種設計，喇叭以直線垂直向下，逐漸以弧形延伸至最
    下端，類似英文字母"J"的造型，大型體育場或演唱會都採用這
    種設定。（如圖3）

圖3

LINEAR SYSTEM = LINEAR DEVICE
線性系統或線性設備

一個系統或設備要符合以下兩種標準：

1.) 成比例性：輸出會隨著輸入平順的改變。

2.) 可加性：如果輸入x產生輸出U，另一個輸入y產生輸出V，那麼輸入x+y一定產生
    輸出U+V。

結論是：系統或設備的表現是可以被預測的，因為他們之間的關係是成比例性的，否
則就是非線性。

LINE IN / LINE INPUT 高電平訊號的輸入

用來接受LINE高電平訊號的輸入端子。

LINE LEVEL 高電平

標準＋4dBu或-10dBV的音響音量。

LINE-LEVEL SIGNAL 高電平訊號

工作電平在20到＋28dBu之間的訊號，通常來自低阻抗的訊號源。

麥克風的訊號是低電平的訊號，需要混音器的放大電路才能工作；音響器材的接線，
輸出端的訊號電平，必須要與輸入端的訊號電平相符，若是將屬於高電平訊號LINE
LEVEL的輸出端，像是混音器、錄音座、CD、MD、EFFECT等音響設備的輸出，接到屬
於麥克風低電平訊號MIC LEVEL的輸入端，則可能就會產生失真的情形；相反的，若
將麥克風接到高電平訊號LINE LEVEL的輸入，音量就會過小，甚至聽不見。

LINE OUT 高電平訊號輸出

將LINE高電平訊號輸出的端子。

LINKWITZ-RILEY CROSSOVER

專業音響主動式分音器工業標準，第四階（斜率為每八度衰減24dB）Linkwitz-Riley（LR-4）分音器設計，可能是商業市場最受採用的分音器，高斜率可以保護高頻率單體，免受低音頻率的摧殘，因為包含第二階Butterworth低通濾波器（斜率為每八度衰減12dB），LR-4比之前第三階的設計（斜率為每八度衰減18dB）改善很多，Butterworth的標準是取至S. Linkwitz之名，當時Linkwitz尚為HP電腦公司工程師，Russ Riley是他的同事，兩人共同研究濾波器，以符合所有分音器的需求，努力的結果使得他們以Linkwitz-Riley聞名。

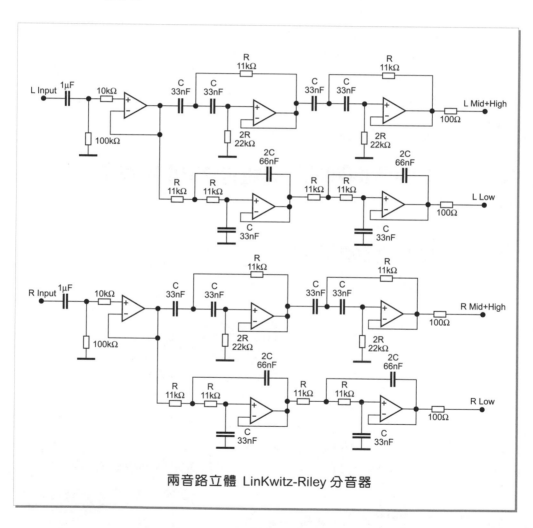

兩音路立體 LinKwitz-Riley 分音器

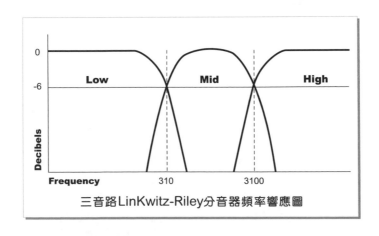

L Input 1μF
10kΩ
C 3.3nF C 3.3nF
R 11kΩ
C 3.3nF C 3.3nF
R 11kΩ
100Ω High
100kΩ
2R 22kΩ
2R 22kΩ
R 11kΩ R 11kΩ
2C 6.6nF
R 11kΩ R 11kΩ
2C 6.6nF
C 3.3nF
C 3.3nF
C 33nF C 33nF
R 11kΩ
C 33nF C 33nF
R 11kΩ
100Ω Mid
2R 22kΩ
2R 22kΩ
R 11kΩ R 11kΩ
2C 66nF
R 11kΩ R 11kΩ
2C 66nF
100Ω Low
C 33nF
C 33nF

三音路MONO LinKwitz-Riley 分音器L聲道

L

0
-6
Low   Mid   High
Decibels
Frequency   310   3100

三音路LinKwitz-Riley分音器頻率響應圖

LIVE 現場

1.）樂團或樂器現場表演。

2.）一個殘響或反射音很多的地方。

LIVE RECORDING 現場實況錄音

1.）音樂家一起演奏時，進行現場實況錄音。

2.）錄音成果當中含有很多自然殘響。

LITZ WIRE = LITZENDRAHT WIRE 李茲線

LITZ是德國字LITZENDRAHT的縮寫，是繩索之一股或編織的導線之意。它是一種導線編織的結構，每一束導線各自包著絕緣衣，利用絞線或編織的方法形成一個均勻的樣式，和使用一根導線比較，則可以增加導線表面面積。這種型式將可以在相當的距離內，保證減少集膚效應，任一束單導體的某一段長度，將會座落在整條導線的中心、中間或外圍位置，這樣的改變，可以防止任一束單導體置身於最強的磁場內，因此可減少整條導線的電阻。Litz線以六條導體為一束，繞成一股，數股又繞成一大股，大股又可能互相編織一起，變成更大股；Litz線對抗集膚效應的方式，係在不顯著增加導體尺寸的條件之下，增加導體表面積。

LOGARITHM 對數

數學用語，使用 10 為 N 次方的基數（或以其他數值為基數）來表示一個實際的數值。例如：$10^3 = 1,000$；因此 Log 1,000=3。

LOAD 載入，負載
1.）音響設備輸出訊號的相反。
2.）一種電阻其阻抗極低，用來測試機器。
3.）從儲存媒體將數位資料複製到電腦的RAM記憶體。
4.）將錄音帶放入錄音機的動作。

LOAD IMPEDANCE
負載阻抗。

LOAD IN / OUT
音樂表演節目的設備安裝或拆卸。

LOADER / LUGGER
提供工人做以上工作的人，工作主要包括卡車裝卸，舞台及前台之間的器材搬運，他們的工作不包括燈光桁樑或設備的設定，這些是ROADIES的責任。

LONG THROW 長衝程
喇叭用語，通常指低音喇叭，特別設計可以讓紙盆行進很長的距離，也不會產生非線性的反應。

LOOP 反覆播放
是指將一段音樂或聲音反覆播放數次（或無數次）。取樣機或部份合成器中，會常看到這樣的名詞。是指一段儲存的音樂不斷反覆播放。

LOSSY COMPRESSION = LOSSY 類壓縮

一種資料壓縮技術，會將人耳聽不到的聲音資料做永久的拋棄改變，使產生較小的聲音、影像及圖像檔案容量。LOSSY類壓縮檔解壓縮之後，不能復原，不可能和原始檔案相同。

LOUDNESS CONTROL 響度控制

控制旋鈕，可改變某些頻率的電平大小，以調整喇叭的頻率響應，來補償人類對於低頻率及超高頻率感應較遲鈍的弱點。利用現代數位DSP科技重新創造這個有用的傳統濾波器（Loudness的頻率響應曲線能在低音量及吵雜環境中改善聆聽音樂的經驗），卻又不需要使用類比複雜的電路，適用於Club及公共場合低音量背景音樂的播放。

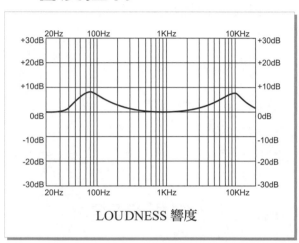

LOUDNESS 響度

LOW BOOST 加強低頻

加強聲音的低頻，可以模擬出類比合成器般低頻加重的效果。

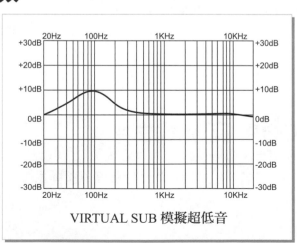

VIRTUAL SUB 模擬超低音

LOW FREQUENCY OSCILLATOR = LFO
低頻震盪器

一種震盪器用做調變音源，通常比20Hz低，最普遍的LFO波型是正弦波，也可以為方波、三角波及齒型波。

LOW LEVEL SIGNAL 低電平訊號

麥克風和電吉他的訊號是低電平的訊號，其範圍從-100dB至-20dB。

LOW-Z & HIGH-Z MICROPHONE 麥克風的阻抗

麥克風阻抗也是決定麥克風型式的一種，高阻抗麥克風比低阻抗麥克風有較高的訊號輸出（大約20dB），然而低阻抗麥克風容許較長的麥克風線而且不會產生高頻衰減的問題，因此，如果麥克風線長於4.5m或6m以上，就只能用低阻抗麥克風，當然使用高阻抗麥克風也可以，只是高頻會衰減，電波干擾也會嚴重，使用者也會抱怨聲音悶悶的。

LPF = LOW-PASS FILTER 低通濾波器

濾波器讓某一種頻率以下的聲音均勻通過，該頻率以上的部分將被濾掉。
這種濾波器簡稱為"LPF"，會將高於Cutoff頻率點的頻率成份去除，只留下低頻部份的聲音。

LO-Z = LOW IMPEDANCE 低阻抗

阻抗為500歐姆或更小。

M|X Files
PROFESSIONAL AUDIO

Mac
蘋果麥金塔電腦。

MACRO
用在數位混音機的功能，可以記憶一串連續的操作，之後只要按一下對應的Macro按
鍵，就會自動叫出來使用。

MAGNETIC TAPE 磁帶
塑膠帶狀的錄音帶含有磁性物質，通常以氧化鐵粉的型式附著其上。

MAGNATO OPTICAL（MO）DRIVE
一種MO儲存裝置，可儲存數位資料，並可抽換MO片。功能類似硬碟可隨時存取，
速度比硬碟慢。其原理是以雷射光在特殊材質的碟片上進行讀取與儲存，大小與一般
軟碟片差不多，稍厚，可儲存的記憶量相當大（常見有230MB與640MB，現在已有
1.3GB），然而速度比硬碟慢。（如下頁圖）

YAMAHA MO 光碟八軌錄音機

MARGIN

音樂最高峰值電平和過載點電平之差稱為MARGIN。

MASK = MASKING（Aka Auditory Masking）
掩蔽或遮蔽

聽覺心理學用語，掩蔽/遮蔽效應是一種因為聽到某一個聲音的刺激，致使我們聽不到另一個聲音刺激的現象，通常我們只聽到大音量的聲音，小音量或微弱音量的聲音雖然伴隨的大音量音源一起來，可是我們聽不到，如果大小音量差不多，頻率很接近，通常我們只會注意頻率較高的信號，這也是另一種遮蔽效應。也不是所有頻率都有相同的遮蔽效應，中頻寬比低頻寬明顯，為什麼？我不知道，請問上帝！

MASTER 主要輸出 / 母帶製作 / 主控

1.）控制電平送出混音機之外的推桿或旋鈕，特別在混音立體輸出至兩軌錄音時。

ALESIS MASTER LINK ML-9600

2.）兩部或兩部以上的機器要同步一起運轉時，被用做速度參考點的機器叫MASTER，如果主控磁帶運轉改變，其他同步機器的速度也要改變。

3.）原始錄音用做複製的母片。

4.）做原始錄音，用做複製母片的行為，特別是做刻片時Master Lacquer（專為唱片生產）或專為CD生產的母片。

MASTER OUT 主要輸出

MATRIX-ENCODING 矩陣式編碼

音響用語，儲存兩個以上的音響聲道在兩聲道的媒體或傳輸格式的技術，Dolby 環繞音響就是一個例子，其中央聲道及環繞聲道利用電子編碼進入立體訊號的左右聲道（通常使用寬頻帶的90度相位偏移及相加），重播時，中央聲道及環繞聲道從立體訊號的左右聲道解碼出來，矩陣式編碼不能解決的問題，在數學上左右為難，如何利用兩個方程式（立體訊號）分析四個未知數（左右聲道、中央聲道及環繞聲道），答案可能很接近但是無法得到正確的答案（因此每個聲道都有串音現象）。

MATRIX-MIXER 矩陣混音台

矩陣混音台不但可以將任一輸入指定至任一輸出，還可以插入EQ 、壓縮器、改變音量等功能。

MATRIX SENDS 矩陣式輸出 (混音機用語)

矩陣式輸出可以說是群組之後的再次混音，獨立的矩陣式輸出可接受每個群組輸出訊號，並可以在不影響主要混音及群組輸出混音之下，增加另一種混音送給其他喇叭系統，例如：矩陣式輸出可以從群組配對立體輸出，例如：群組１、３、５和７送矩陣式A，群組２、４、６和８送矩陣式B。

Mb = MEGABYTE

1,000,000（一百萬）位元組的資料或是8,000,000（八百萬）位元的資料。

MD = MINI CD

MD DATA DISC

一種小型的資料儲存媒體用來儲存電腦
型式的資料，雖然和MD音樂片很像，
但是不能相容。MD資料儲存光碟有兩
種：只能播放及可重複錄製。

DENON DN-M I050R MD專業製作錄音機

MEASURE 拍子 / 測量

音樂用語：拍子，拍子有快慢、有節奏、有變化。
音響用語：測量聲音的工作。

MEG = 1,000,000

MEMORY 記憶體

電腦的RAM記憶體用來儲存程式及資料，電腦關機時，這些資料將會遺失，所以他們
必須存在磁碟片或其他適當的媒體內。

MENU 選單

電腦程式或設備顯示窗顯示的選擇清單。

METER 電錶

三色電錶可 看所有輸入、群組和混
音訊號，電錶為峰值式顯示。
通常電錶有兩條LED燈顯示，表示
混音左、右聲道的輸出，如果按
下PFL或AFL鍵，則只顯示被按聲道
的訊號。

平均值反應型Vu表

M

混音機要能同時提供平均值反應型（VU）和峰值反應型（PPM）電錶，如果您認為電錶沒什麼大不了的！那麼我們需要解釋一下：

VU代表音量單位，早期的混音機和錄音座都是利用機械式指針錶頭，這些電錶對某些瞬間音響，例如：擊鼓，指針移動的速度來不及，無法正確表示出來，但是它們確實表示出人類能接收音量的型式，換句話說，大聲、長音和同樣大聲而短音，在平均值反應型電錶上，前者的數值會比較大，這樣的功能使VU錶可以統計聲音的響度，卻不能表示短暫的突波，因此就無法警告我們這些突波峰值也許已經產生訊號過載了。例如：大聲的小鼓在VU錶上讀出10dB，其實它真正的峰值電平是比較高一點的。

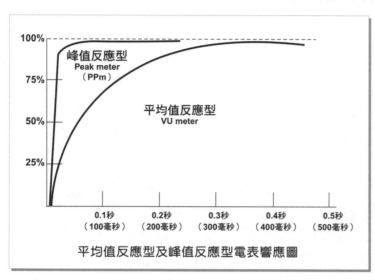

平均值反應型及峰值反應型電表響應圖

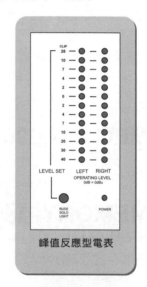

峰值反應型電表

METRONOME　節拍器

可以發出節奏速度音響的機械式或電子式節拍器，某些電子式節拍器甚至還有每分鐘多少拍的顯示數字（BPM=BEAT PER MINUTE）。

MI = Musical Instrument　音樂樂器

音樂樂器市場的廣泛通稱，如果店家賣的是樂隊使用的樂器器材， 就稱為MI store。

MIC LEVEL　麥克風音量

直接從麥克風得到的訊號，音量非常低，要和高電平器材一起混合使用前，需要麥克風前級放大器，最高增益可達60dB。

MIC / LINE SWITCH 麥克風 / 高電平切換開關

混音機輸入聲道的開關，用以選擇哪一個輸入送進混音機。

Microphone Polar Patterns =
Microphone Directivity Response
麥克風極座標型式

1.）Omni 全指向，頻率響應形態像一個完美的圓周，也就是說，他沒有指向性，他是全指向麥克風。

2.）Cardioid 心形指向，正軸響應圖很像心臟的外型，特別是後方不拾音。

3.）Supercardioid 超心形指向，正軸響應圖類似心形指向，90度與270度的拾音比心形指向少，但是後方具有少量拾音功能。

4.）Hypercardioid 超高心形指向，正軸響應圖類似超心形指向，90度與270度的拾音比超心形指向少，但是後方拾音功能較超心形多。

5.）Figure-Of-Eight 8字形雙指向性麥克風，0度與180度響應圖相同，側面不拾音。

6.）Shotgun 長槍形指向最強，正軸靈敏度最強，左側、右側、後側靈敏度很低。

MICROPHONE PREAMPLIFIER
麥克風前級擴大機

麥克風產生的訊號電平很低，要將麥克風訊號第一次放大的擴大機必須小心的設計，最重要的要求是低噪音電平，前級擴大機通常會在前級輸入端裝有輸入變壓器或者差動放大器可使訊號電壓增益而不會有顯著的雜訊，須有良好的屏蔽設計以防止感應雜訊。

MICROPHONE SENSITIVITY 麥克風靈敏度

麥克風靈敏度是麥克風電子訊號輸出量和實際現場收音音壓輸入電平之比率。也就是每帕聲壓下麥克風能輸出多少電壓，其單位為mV/pa或dBV/pa。mV/pa與dBV/pa的換算不難，其公式如下：

$$NmV/pa = 20LgNmV/1000mV$$

例如：

1.）2.0mV/pa等於多少dBV/pa?

20Lg 2.0/1000＝20Lg 0.0002＝20 ×（-2.7）＝-54dBV/pa

2.）10.0mV等於多少dBV/pa?

20Lg 10/1000＝20Lg 1/100＝20Lg 0.01＝20（-2）＝-40dBV/pa

MICROPROCESSOR 微處理器

電腦心臟的特殊晶片，用來運算及執行程式。

MIDI =
MUSICAL INSTRUMENT DIGITAL INTERFACE

MIDI是使用各種電子音樂，魔音琴標準通訊的介面，數種樂器可以一起接在MIDI介面上，使用其中一台的鍵盤控制另一台魔音琴或音源機發出聲音，這是MIDI最原始的目的，有MIDI功能的樂器具有MIDI輸入與輸出的接頭，同一時間可以操控16台不同的MIDI器材，電腦可以用來控制MIDI器材，MIDI也可以當作介面來連接電腦與電子音樂樂器。

MIDI BULK DUMP

及時變化的資料，例如：音符資料及控制器訊息，並不會依順序輸出，只有當設定需要複製到另一台設備時，才會存入MIDI編曲機。至於合成器BULK資料可以包括製造一個音色所需要的所有參數之設定，以聲音處理器或混音器來說，EQ設定，效果/程式設定，混音設定等等可以利用MIDI BULK DUMP功能來複製或儲存/回覆。

MIDI CHANNEL MIDI頻道

MIDI 時序訊號

根據MIDI音樂速度所送出的時序訊號，對MIDI編曲機或其他器材進行時間上的同步。例如：讓錄音座跟著編曲機同步，可以設定編曲機為主控（Master），由編曲機透過MIDI線送出MIDI CLOCK到錄音座，讓錄音座的運轉與編曲機一致。

MIDI CLOCK的原理是以相同的時間間隔，送出一個脈衝，MIDI器材則以計算脈衝的數目來換算成相對應的時間。

MIDI CONTROLLER MIDI 控制器

利用音樂家演奏MIDI合成器或其他音源機，控制其他MIDI設備，控制器可為鍵盤、打擊鼓墊、合成器等等。

MIDI CONTROL CHANGE

也稱為MIDI CONTROLLERS或CONTROLLER DATA，這些訊息測量出及時變化的控制資料，例如：由轉輪、踏板、開關及其他設備驅動，這些訊息可以用來控制顫音深度，明亮度，效果電平及其他許多參數。

STANDARD MIDI FILE = SMF

一個標準檔案格式，用來儲存錄在MIDI編曲機內一首歌的資料，並且可以被其他廠牌，其他機型的編曲機讀取。

MIDI IMPLEMENTATION

電子音樂樂器互相溝通的方法，利用SYSTEM EXCLUSIVE訊息傳送BULK資料及CONTROLLER CHANGES。

MIDI IMPLEMENTATION CHART

一個表，通常出現在MIDI產品的操作手冊，提供支援那一個MIDI功能的訊息，支援的功能會標有0記號，不被支援的功能會標有X記號，也可能提供更多的訊息，例如：BANK CHANGE訊息的正確形式。

MIDI IN

一種插座，用來接收MASTER主控控制器的訊息或接收從SLAVE副控MIDI Thru插座。

MIDI INTERFACE MIDI 介面

將MIDI樂器產生的數位碼轉換為
電腦認識的資料，電腦就可以用
來控制具有MIDI功能的樂器。
新Midi介面，只要透過USB即可
連接電腦。

EDIROL UM-880
八進／八出 USB MIDI介面及MIDI轉接盒

MIDI MACHINE CONTROL = MMC

MIDI機器控制命令，利用MIDI來控制一台錄音機，近些年來，以錄音帶／硬碟為基礎的
數位錄音機，與MMC功能相容的情形，有增多的趨勢。

MIDI MERGE

某一種設備或編曲機的功能可以將兩種或兩種以上的MIDI資料混合一起。

MIDI MODE

MIDI訊息利用接收MIDI樂器不同的方式，可以被演奏出來，常用單一音軌作多音演奏
的是POLY-OMNI OFF模式，OMNI模式能讓MIDI樂器不計較演奏所有收到的資料。

MIDI MODULE 音源機

聲音產生設備，但是沒有鍵盤。

Roland XV-2020

MIDI NOTE NUMBER

每一個MIDI樂器鍵盤都有自己的音符編號，範圍從0至127，60代表中央C，某些系統以C3代表中央C，某些系統則以C4為中央C。

MIDI NOTE ON

按下鍵盤，就會送出演奏音符的MIDI訊息。

MIDI NOTE OFF

放開鍵盤，就會送出停止演奏音符的MIDI訊息。

MIDI OUT

MIDI的插座，用來將主控設備的資料送往其他副控設備的MIDI In接頭。

MIDI PORT

MIDI相容設備的MIDI介面，有多個接頭，是一個擁有多重MIDI輸出插座的設備，每一個插座都可以傳送和16個不同的MIDI聲道有關的資料，是唯一的方法可以超過使用16個MIDI聲道的辦法。

M

MIDI PROGRAM CHANGE

一種MIDI的訊息用來改變聲音行進的路徑，或MIDI效果機的效果路徑。

MIDI術語，PROGRAM可以被視為合成器的一個音色，或是一組數值／數字，PROGRAMS原始用意為將設定好合成器程式記憶下來以方便將來回復取得，然而這個名詞廣為大家共用，現在通稱所有形式的設定。例如：幾乎所有現代MIDI設備，其效果處理器，效果，EQ等等，都可以利用PROGRAM CHANGE的訊息來改變設定值；同理，SNAPSHOT設定也可以用數位混音機來改變或回復，PROGRAM CHANGE也可以由混音機送往MIDI效果處理器，因此效果設定也可以在改變混音機SNAPSHOT時，同步變更設定。我們可以在單一音軌切換128種程式。某些設備甚至可以將PROGRAM CHANGE的號碼轉變成另一個號碼。

MIDI SPLITTER = MIDI THRU BOX

MIDI SYSTEM EXCLUSIVE MESSAGES

MIDI是被所有製造廠承認的國際標準，此外SYSTEM EXCLUSIVE訊息更便利新聲音的創造，允許進入單獨樂器特定的功能，實際的執行與製造廠、樂器設備的型式、種類，資料量有關係。

MIDI TEMPO MAP MIDI速度地圖

使用MIDI時碼，MIDI TEMPO MAP速度地圖是使成本降低的簡單方法，TEMPO MAP速度地圖使用在一首歌裡，用來表示速度及時間記號的改變。為了同步會創造一個地圖改變的地方，並以MIDI時碼的資料傳送出去。

MIDI THRU BOX

設備用來將主控樂器或是編曲機MIDI輸出訊號分開，為了避免造成DAISY CHAINING，主動式的電路可提供輸出的緩衝區，才能避免很多設備被一台設備的MIDI輸出驅動的問題。

MIDI THRU

副控機器插座用來傳MIDI訊號至下一台機器的MIDI IN插座。

MIDI TIMECODE

請看MTC。

MID-RANGE 中頻範圍

大致上來說200Hz～2000Hz被稱作中頻範圍，大部分的音樂訊號頻率都在這個範圍內，也是最容易被音響器材表現的頻率範圍。

Milli = 1/1000

MINIDISC = MD

小型資料儲存媒體，像迷你CD設計用來儲存及播放音樂。使用LOSSY類壓縮技術以減少檔案尺寸。

MINIDISK RECORDERS MD錄音座

可將聲音錄到MD上的錄音設備。MD是MINI DISK的縮寫，一般是與類比混音座搭配使用，最多可同時播放4個音軌。

DN-990R MD 錄音機

MIX 混音

1.) 將許多單聲道或立體聲道的音源，包括效果器處理過的聲訊，結合而成的一對立體聲音訊號。

2.) 訊號係由各個單一訊號組成。

3.) 延遲效果/殘響設備的控制或功能，可以控制原始音混入被處理音的量。

MIX-DOWN 混音

一種將事先錄好在多軌錄音帶的各別聲道，混合成整體音量平衡的立體母帶的工作，是多軌錄音程序的最後一步。

MIXER 混音機

MIXER的主要功能就是把所有輸入的訊號個別處理之後，一起經由喇叭播放給觀眾欣賞或舞台表演者監聽。

CREST AUDIO 混音機

MLP = Meridian Lossless Packing

Meridian音響公司研發的無損失的音響編碼MLP，還被指定為DVD-Audio編碼方案的選項之一，也被利用在其他傳輸，儲存及歸檔工作，是真的無損失音響編碼技術，被解碼的音響訊號每一個Bit都和原始音源一樣，MLP解碼的訊號完全沒有改變，只是將音響資料做更有效的打包，方便大家傳輸/儲存；解碼步驟容易，只需要相對少的電腦資源支援重播。

MODEM =
MODULATOR-DEMODULATOR 數據機

本設備可調變資料，使轉換成聲音音色，因此可以經由電話線傳輸，DEMODULATES接收訊號解碼以取得資料。

MODULATION 調變

一般音響，利用LFO低頻震盪器控制一個訊號的頻率音準PITCH或震幅（音量LEVEL），LFO低頻震盪器使用調變頻率參數、LFO低頻震盪器的控制量、利用調變深度參數、延遲時間及自動音場平衡速度參數。

以電子控制聲音中的某一個特質，隨著時間而自動變化，而且通常是週期性的循環變化。例如：對音量做調變就會產生顫音效果。鍵盤樂器，有的在琴鍵左方會配備有一支搖桿，左右搖動時，會讓音高上下滑音，而往前推時，就會對聲音進行調變動作。

MODULATION NOISE 調變噪音

只有在音響訊號出現時才有的噪音。

MODULE 音源機，模組

1.) MIDI用語，音源機是一台沒有琴鍵的鍵盤樂器，內建數以百計的音色，必需透過MIDI端子外接一台MIDI控制器（例如：一台MIDI鍵盤），由該控制器來演奏音源器中的音色。如果覺得音色不夠用，想要再擴充音色，只要再買一台音源機，用MIDI線從鍵盤接到音源機，就可以演奏出更多種的音色。

2.) 音響用語，一堆零件及控制元件，裝在一個可拆式的結構，通常用在混音機各輸入聲道，個別聲道故障時，可以單獨拆下修理，不必全體停擺；新的電子設備多採用這種設計，可以減少修理時間、查錯時間、運費成本。

模組式音響設計

MONITOR 監聽喇叭 / 監視器

Audio用語：在音響工業裡MONITOR指的是喇叭，在控制室或錄音室給操作者或舞台
上給表演者用的喇叭叫監聽喇叭，錄音室和舞台用的監聽喇叭稍有不同，
錄音室的錄音師要確認錄音的結果是正確的，必須要有一對再生絕對精準
的監聽喇叭，這種喇叭會忠實的將錄好的音源不加任何渲染的表現出來，
舞台用的監聽喇叭標準沒那麼高，只要頻率響應平坦，音量夠大，擴散角
度夠廣，就可以了。

舞台用監聽喇叭　　　　　　　　錄音室用監聽喇叭

Video用語：在視訊工業或電腦界MONITOR指的是
監視器。（如右圖）

監視器

MONITOR CUE 指定監聽

指定監聽允許我們在錄音或放音時監聽單獨聲軌，錄音暫停及錄音中指定監聽的音
源，是已經被錄好的訊號（就是輸入訊號），放音時指定監聽的音源，是光碟片（如
果訊號錄至光碟片）；這個功能在PUNCH IN / OUT錄音時很有用，因為可以監聽特定
的輸入訊號，也可以監聽新錄好的訊號。

MONITOR MIXER 舞台監聽混音台

1.）混音機或其他設備可以混合很多音樂訊號成為複合的訊號，並只有少數的輸出。
2.）混音機的一部分用來做大略的混音，使工程師可以聽到已錄好的音樂而不影響送去多軌錄音機的電平。
3.）音響技師將各訊號混音好之後，送往舞台監聽喇叭。

MONITOR SELECTOR 監聽選擇

混音機而言，一個切換開關允許我們經由控制室喇叭監聽不同的音源，例如：主要混音機輸出（為了混音），混音監聽部分（為了錄音及重複錄音），CD、錄音機或其他設備。

MONO 單聲道

音響系統中不管連接幾隻喇叭，如果只有一個聲道的音樂我們稱之為單聲道，它和立體聲道不同之處，立體聲道必須要有兩個以上的獨立聲道，有的時候我們也稱呼混音機的麥克風聲道為MONO聲道。

MOORE'S LAW 摩爾定律

1.）由物理學家Carver Mead命名，名稱取自Gordon E. Moore摩爾，摩爾是英特爾公司合夥創辦人，摩爾1965年在電子學（Electronics Magazine）雜誌第114頁發表文章，他說往後十年，每12個月電腦晶片的複雜度會加倍。 十年後他的預測證明是對的，在1975年，摩爾在IEEE的一次學術年會上提交了一篇論文，根據當時的實際情況，對摩爾定律進行了修正，把「每年增加一倍」改為「每兩年增加一倍」，而現在普遍流行的說法是「每18個月增加一倍」。
2.）結論就是我們每兩年就要換新電腦。

MOTHERBOARD 主機板

電腦用語，電腦主要電路板，所有的零件都要插在上面或連在一起。

MP3 = MPEG-1, LAYER 3

數位音響壓縮最受歡迎的格式,最適合在網路上傳送,MP3可以即時的在網際網路上做音響的編碼及下載,其副檔名為「.MP3」,MP3格式將CD品質的音響壓縮至每分鐘1MB的大小。

MPEG = MOVING PICTURE EXPERTS GROUP
電影專業集團

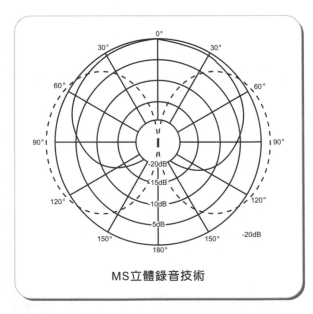

MS = MILLI-SECONDS 毫秒

M／S 立體錄音

M/S是MID－SIDE的簡寫,也就是中心－側面的簡稱,利用一隻單指向性麥克風指著音源中央及另一隻8字型雙指向性麥克風指著音源側面,8字型雙指向性麥克風拾取音源左側正相的訊號及右側反相的訊號,當兩個訊號和單指向性麥克風拾取的訊號加在一起時,左側訊號會相加(因為均為正相訊號),右側訊號會相減(因為反相的訊號),利用兩隻單指向性麥克風一起用(但一隻中心偏右45度,另一隻中心偏左45度)得到的效果類似,都可以產生立體音場效果,但是利用M/S立體錄音較容易控制立體音場的寬廣度。

MS立體錄音技術

MTC = MIDI TIME CODE MIDI時間碼

MIDI時間碼發表於1987年，係使用絕對時間參考設計（小時、分鐘、秒、格數）作為同步的基礎，採用與SMPTE碼的相同格式，但是透過MIDI端子及MIDI線來傳送；是繼MIDI CLOCK之後所發展的另一種同步時間碼的格式。由於MIDI CLOCK的設計上並未考慮到與視訊器材的同步，因此才又發展出MTC。基本上，對於以MIDI為基礎的音樂家來説，幾小節、幾拍子，會比幾分、幾秒來的熟悉，然而，MIDI使用在錄影帶及電影錄音的領域愈來愈多，專業界開始為MIDI要求一種類似SMPTE形式，更精確的絕對參考時間。MTC牽涉到大量資料的傳輸，因此MTC規格的輸入接頭是不同的，為了得到穩定的同步作業，其他非MTC MIDI資料（例如：CONTROLLER CHANGE MESSAGES）是分開接收的。

$$0_H \ 15_M \ 48_S \ 21$$

MULTI EFFECT 多重效果器

這種效果器是將數種不同的效果處理器結合起來，可以同時運用到數種效果。

MULTIPATTERN MICROPHONE 多重指向麥克風

一支麥克風如果可以調整成為數種不同的指向性收音就叫做多重指向麥克風。第一支這種型態的麥克風是RCA公司HARRY OLSON在1930年末期設計的絲帶麥克風，因為絲帶麥克風具有8字形（雙指向）麥克風的特性，使OLSON先生得以變更設計，將麥克風成功地由八字形轉換為心形麥克風。甚至轉換為全指向性麥克風，這種麥克風在廣播界，錄音界，及電影原聲道製作過程中使用了很久，有些至今仍在使用中。
今天可以找到的最普遍的多重指向麥克風，是德國人 Von Braunmuhl and Weber 設計的電容式麥克風，其主動式元件是心形電容式音圈，係由穿孔的背駐板及一個收音入口組成，如果聲音從麥克風後方進入，到達振膜背面的聲音，將會因背駐板而延遲，同樣的音源，因為聲音的繞射而到達振膜的前面，亦有延遲，振膜正反兩面受到相同的壓力，因此沒有訊號輸出，這表示如果聲音從麥克風後面傳來是死的，麥克風不會工作。

音源從麥克風前方而來，可以　無阻礙地到達振膜的前方，但是到達振膜後方的聲音，首先因繞射延遲，又因背駐板而再延遲，而且它們到達振膜後方時已經反相了，對於振膜來説，造成一個很大不同的壓力，因此前方音源的麥克風收音才有相對大的輸出訊號。

我們把兩片振膜各裝在背駐板的前、後方，就成為一隻兩個心形背對背雙振膜麥克風，當兩個振膜的輸出相加時，得到全指向性，如果訊號反相相加（即相減），得到8字形雙指向性，如果只採用一個振膜的輸出訊號，就得到心形單指向，因此三個指向性就可以用一支麥克風搞定。如果兩個振膜的靈敏度可以調整的話，其指向性還可以做更多的變化。

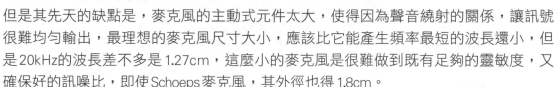

這種型式的麥克風最早由Neumann麥克風公司於1953年發展做商業使用，其型號為M-49。其他公司也利用這種概念製造各種不同種類的麥克風，非常受錄音室歡迎。

但是其先天的缺點是，麥克風的主動式元件太大，使得因為聲音繞射的關係，讓訊號很難均勻輸出，最理想的麥克風尺寸大小，應該比它能產生頻率最短的波長還小，但是20kHz的波長差不多是1.27cm，這麼小的麥克風是很難做到既有足夠的靈敏度，又確保好的訊噪比，即使Schoeps麥克風，其外徑也得1.8cm。

M-49

MULTI-SAMPLE 多重取樣

產生多個取樣聲音，每一個取樣都包含有限的音樂範圍，為了製造比較自然的聲音，必須依樂器發聲範圍，做多個取樣動作。例如：鋼琴需要取樣兩個或三個半音才能使其取樣音讓人信服。

MULTITRACK 多軌錄音機

一種錄音設備可以分次平行錄下各個音軌，事後可以再做錄音或做整體音響的平衡。

MULTITRACKER

一種包括錄音及混音設備，通常有四或八軌。

MULTI-TRACK RECORDING 多軌錄音

1.) 一種錄音的技術，將不同的樂器及人聲跟著既有的拍子，分別錄在同一個錄音帶不同的地方，事後再做整體音響的平衡。

2.) 數位錄音的技術，將不同的樂器及人聲跟著既有的拍子，分別錄在硬碟裡不同的資料檔案，因此它們可以一起放音，並做整體音響的平衡。

3.) 多軌錄音的錄音座是多音軌，可以重複錄音而不會將先前的錄音洗掉，這樣音樂家在重複錄音OVERDUBBING新的部份的時候，才能夠聽到先前錄音以及自己錄音的內容。

MULTI-TRACK TAPE 多軌錄音帶

MULTI-TIMBRAL MODULE

MIDI音源可以同時產生數個不同的聲音，並可被不同的MIDI聲道控制。

MUSIC WORKSTATION 音樂工作站

所謂音樂工作站，通常是指一台同時兼具MIDI控制器、音源、編曲機功能於一身的鍵盤樂器，除了演奏之外，使用者也可以在這台樂器上進行音樂的錄音製作。

MUTING 靜音

混音器各個聲道，如果不使用時可以按下此鍵，靜音鍵按下後，除了插入點以外所有聲道的輸出將被靜音，LED也會亮起來。較大型的混音器也可利用MUTE BUSES的功能做集體靜音控制。

家用FM諧調器內的一種電路，可以在搜尋電台時將訊號輸出關掉，以防止噪音擾人，有時候噪音的電平甚至比FM電台節目還大聲，家用電視機上也常見。現代的音響器材也會有靜音鍵，但是處理的方式不同，例如：擴大機、混音機、大哥大等靜音鍵啟動後，大約是將訊號電平衰減20dB。

無線麥克風也有靜音的電路，大多用在接收訊號不良時，避免將收到的雜訊經由擴大機系統放大出來，造成不好的效果。

M

NAB =
NATIONAL ASSOCIATION OF BROADCASTERS
美國國家廣播協會

NAMM =
NATIONAL ASSOCIATION OF MUSIC MERCHANTS

國家音樂商品協會為本名，如今已改名為國際音樂產品協會International Music Products Association但是縮寫未改，是音樂工作者的專業貿易組織，以零售商及製作音樂所用產品工廠為主的展覽。

NANO十億分之一　奈米

NANO-WEBERS PER METER

測量磁力能量的標準單位。

NARRATION 口白

講對白的人未在銀幕看到，但是告訴我們很多資訊。

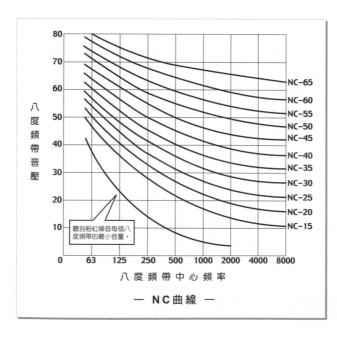

NC CURVE 噪音標準曲線

NC是NOISE CRITERION噪音標準的縮寫，有關室內教堂及劇院的環境或背景噪音的事務，因為人耳對於低音量的低頻率聽覺比較不靈敏，相對的教堂、劇院或錄音室裡可以允許較多量的低頻噪音，噪音標準曲線的發展就是想建立一個噪音與室內環境的標準，這些曲線是在等效音量的條件下建立的，並且有具體的數據參考值。

例如：NC-15表示是一個非常安靜的環境，幾乎一般人都無法感覺有任何背景噪音；NC-20可以聽到背景噪音；NC-25被考慮為好的音樂聆聽環境最大限度（但也有人認為NC-25太吵）。

決定室內環境的NC值，需要一個附有八度音頻帶濾波器的音壓表測量背景噪音，測量時將測量電平值顯示在NC曲線模式內，如果測得噪音電平都在NC-20曲線之下，我們就稱這個環境符和NC-20的需求。大多數教堂或劇院的噪音都是由空調設備產生的，低頻噪音是最難處理的，幸運的是人耳對低頻噪音感覺不靈敏，否則音響工程界的日子就難過了。

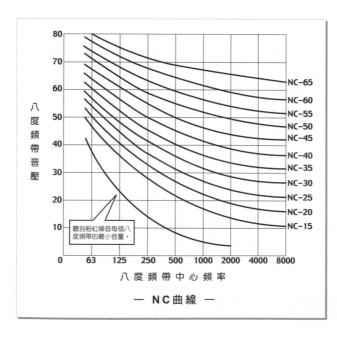

— NC曲線 —

NEAR FIELD 近場

另稱CLOSE FIELD，形容喇叭系統設計讓聆聽者靠近聽較好，好處是聆聽者可以在Critical距離以內（直接音大於間接音的區域），聽到更多從喇叭傳來的的直接音。

NEAR FIELD MONITOR 近場喇叭

錄音室用來在距離1至1又1/2公尺監聽的喇叭，通常指在Critical距離以內的範圍聽的監聽喇叭，稱做近場喇叭。

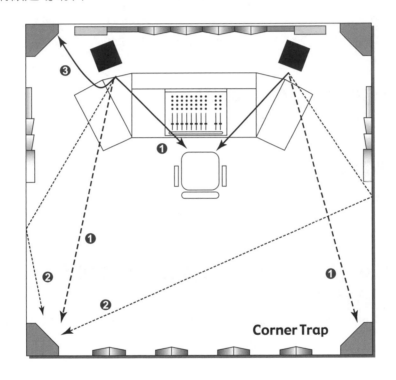

Corner Trap

NEGATIVE FEEDBACK 負迴授

擴大機在反相的狀況下，一部份的輸出訊號和輸入訊號混合在一起，將會抵消部份輸入訊號，而擴大機增益也會減少，這現象叫做負反饋，可由擴大機增益衰減的程度測量出來，如果增益少10dB，就稱它有10dB的反饋。

負反饋的好處是可以減少輸入訊號帶來的失真結果（諧波失真及交替調變失真），反饋的效果是可以減低任何擴大機會加入訊號的東西，例如：減少失真，或增加線性特質，減低擴大機輸出阻抗，增加阻尼系數，適當地利用負反饋，擴大機的頻率響應也可以較平坦。

如果負反饋擴大機的設計不佳，會發生嚴重的問題，擴大機輸出的某些頻率如有大量的相位移位的話，其負反饋變成正反饋，擴大機會不穩定，並將產生振盪，而且大量的反饋會造成突波交替調變失真 TRANSIENT INTERMODULATION DISTORTION（TIM）。

NEODYMIUM ABBR. ND 釹金屬

音響聲能轉換器，稀有金屬，是喇叭及麥克風製造零件，釹鐵硼磁鐵的頻率響應比較線性，體積小，卻功率大，比傳統磁鐵的輸出功率大很多。

NODE ACOUSTICS 結點

一度空間中最少震幅之點，二度空間中最少震幅之線，三度空間中最少震幅之面。

NOISE 噪音

1.）一個隨意的能量包含所有的音響頻率。

2.）任何不願意得到或無法避免的訊號被加入音響訊號內。

NOISE CANCELLING HEADPHONES 噪音消除耳機

內建麥克風的特殊耳機，會對週遭環境音作取樣，將聲音反相後加入，這個方法可以抵消背景噪音，對低音頻率特別有效。

NOISE CANCELLING MICROPHONE 噪音抵消麥克風

一種特殊設計的動圈式麥克風，將其震膜的正、反兩面都暴露在音場內，因此從遠處傳來的聲音就會抵消，因為該音壓在振膜上未造成任何力量。

振膜未收到任何音壓，噪音取消麥克風用在通訊清晰度很重要的高噪音區域，例如：噴射機機艙、漁船及野戰戰地等。

Superlux PRA-535NC
噪音抵消麥克風

NOISE COLOR 噪音顏色

從事專業音響工作的讀者知道什麼是白噪音及粉紅噪音，但是很少人知道AZURE青噪音或紅噪音。除了白噪音，其他噪音都稱為顏色噪音，而且某些頻率的能量可能比較多，類似光的顏色區分一樣。白噪音及粉紅噪音的定義清楚，白噪音之所以為白，因為它像白光一樣，在完整頻譜裡所有頻率的能量都均勻。紅光的波長比較長，屬於低頻率範圍；粉紅噪音在低頻率範圍有較高的能量。

美國聯邦電信標準第1037C章：電信專有名詞解釋中定義了四種顏色噪音（白，粉紅，藍及黑色），這些定義係被認定為官方資料，其他的顏色噪音都找不到任何官方的標準。以下介紹的顏色噪音係大概依照彩虹與三菱鏡光學同理類推，三菱鏡由於彩虹效果，將穿過的白光分離成目視可以辨別的光譜，計有：紅、橙、黃、綠、藍、錠、紫七種顏色，依低頻率順著高頻率排列，聲音的噪音同理可得：

◆ 紅色噪音又稱棕色噪音，以每八度降低6dB強度的趨勢衰減（大部份為低頻率能量或功率，應用於海洋學，功率和頻率的平方成反比）。

◆ 粉紅色噪音，以每八度降低3dB強度的趨勢衰減（但每八度能量相同，功率和頻率成反比）。

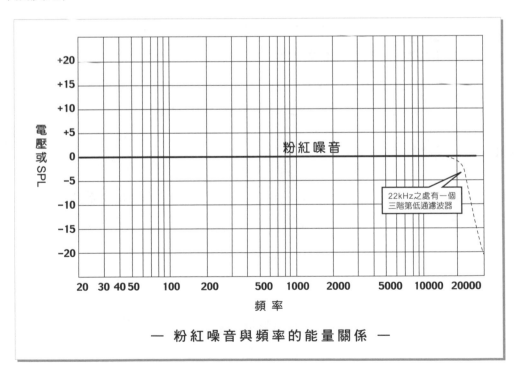

— 粉 紅 噪 音 與 頻 率 的 能 量 關 係 —

◆ 白噪音，每個頻率能量相同。

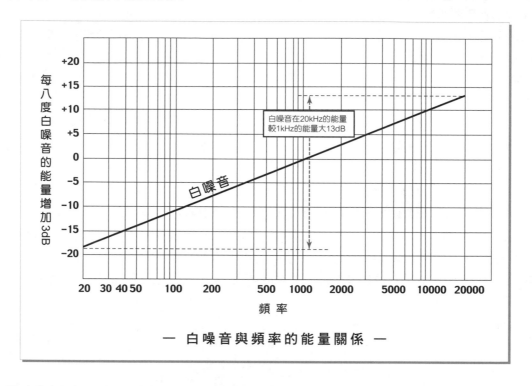

白噪音在20kHz的能量
較1kHz的能量大13dB

白噪音

每八度白噪音的能量增加3dB

頻 率

— 白 噪 音 與 頻 率 的 能 量 關 係 —

◆ 藍（或青）色噪音，以每八度增加3dB強度的趨勢增益（功率和頻率成正比）。

◆ 紫色噪音，以每八度增加6dB強度的趨勢增益（功率和頻率的平方成正比，大部份
為高頻率能量或功率）。

◆ 黑色噪音，靜聲（能量強度為零）。

還有其他的噪音存在不同的特殊領域，例如：錄影帶 / 照片 / 影像處理過程，通訊，數
學混亂的理論等等，但不是專業音響討論的主題。

NOISE FLOOR
通常解釋為：可用訊號電平的最小音量或低於訊號電平的噪音電平。

NOISE GATE 雜音閘門（PA）

電子設備或其他設備產生的雜音，是我們做音樂人最大的困擾，如何消除功率擴大機的嘶聲（HISS）或哼聲（HUM），環繞噪音或舞台串音、舞台震動雜音及系統的雜音，雜音閘門可以解決這個問題，雜音閘門是將觸發電平以下的訊號衰減掉，好像一個閘門，訊號電平未達觸發電平時，沒有聲音（未開閘門），一旦訊號電平一到達觸發電平時，聲音就發出來了，因為閘門開了。雜音閘門最常用在人聲及套鼓收音，使用多支麥克風收拾人聲或鼓件，每支麥克風都可由雜音閘門設定觸發電平，沒有發聲的人或沒有被打擊到的鼓，雜音閘門已把它們用的麥克風關掉，不會有串音之虞，可以使錄音清晰，增益增加又不怕產生回授。

NOISE MASKING

室內聲學用語，將白噪音加入一個音響系統，使得背景聲音不清楚或不被注意，是人類聽覺遮蔽現象的一種運用。

NOISE REDUCTION 噪音消除

消除類比錄音帶雜音或錄音時降低嘶聲的電平。

NOISE SHAPING

超取樣低位元轉換使用的一種技術，建立一個區域，讓其他產生量化誤差（噪音與失真）的頻率範圍移轉至此，Dither有時會被使用在這種處理中，超取樣A/D轉換器可以將這些噪音與失真，完全移轉至音響範圍以外的地區，因此噪音與失真降低，可以允許低位元轉換器的表現和高位元轉換器（大於16位元）一樣甚至超過。

NOMINAL LEVEL 額定電平 = 工作電平

NON DESTRUCTIVE EDITING 非破壞性編輯

數位錄音的功能，對某一段資料進行編輯或刪除後，事實上原有的資料仍然保留在儲存裝置中，可以隨時回復。

NON-LINEAR 非線性

麥克風輸出得到改變的條件，和麥克風輸入的改變條件之間不成比例時產生失真。

NON-LINEAR RECORDING 非線性錄音

形容數位錄音系統，允許任何錄音的段落可以依任何順序播放，傳統錄音帶是屬於線性，因為錄音內容只能依錄音順序播放。

NON-LOSSY COMPRESSION

一種資料壓縮的型式，會尋找相同的資料並用稱做KEYS的記號取代它。這種壓縮的方法使檔案尺寸可以減小，而且當他解壓縮時KEYS又被原來的資料取代回來（這叫做RUN LENGTH解碼），解壓縮後的檔案和原始檔案一模一樣。

NORMALISE

一種接頭,稱做NORMALISE,表示其接線方式是訊號輸入時,除非被插頭插入,原始訊號會保持。最普遍的NORMALISE例子是混音機上的插入點,或PATCHBAY的接點。

1.) 利用插頭提供NORMAL的開關。

2.) 將合成器,音源機或取樣機放音設備回復原廠設定。

3.) 錄音時為了調校電平,因此最高的峰值就是錄音媒體的最大錄音電平。

4.) 電腦用語,格式化軟碟。

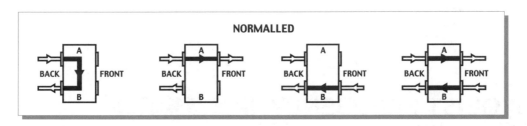

NOTCH FILTER 梳形濾波器

抑制一個很窄的頻帶,通常梳形濾波器都針對某一個頻率做抑制的效果,最大可達-60dB,它是為了移除某特定頻率,例如:60Hz哼聲,如果梳形濾波器Q值夠大,則它對於整體訊號的影響將很小。

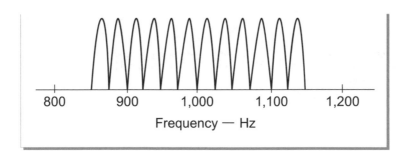

NTSC =
THE NATIONAL TELEVISION SYSTEMS COMMITTEE
美國國家電視系統學會

美國國家電視系統學會制定的訊號傳送標準，臺灣電視也採用相同的系統。

NYBBLE

1/2位元或4個BITS。

NYQUIST FREQUENCY　尼奎斯特頻率

進行類比訊號轉換數位訊號時，可以被正確取樣的最高頻率，NYQUIST尼奎斯特頻率是被取樣頻率的1/2。

例如：理論上CD取樣為44.1kHz NYQUIST尼奎斯特頻率是22.05kHz。

NYQUIST RATE　尼奎斯特取樣率

可以錄音播放指定頻率的最低取樣率。

NYQUIST SAMPLING THEOREM
尼奎斯特取樣定理

數位取樣系統，為了避免產生波型失真（ALIASING），其取樣率一定要兩倍大於被取樣的最高頻率，因為ANTI-ALIASING濾波器不完美，取樣頻率總是要採用兩倍大於被取樣的輸入最高頻率。

OFC（Oxygen-Free Copper） 無氧化銅

線材用語，另一個很受音響界歡迎的神話，就是：無氧化銅的電源線可以改善音響的聲音。

OCTAVE 八度音

八度音是一種2：1的頻率關係，440Hz是中音音高為A的頻率，所謂比440Hz高一個八度，表示要加倍為880Hz，低一個八度就要除以2成為220Hz，因此利用乘法或除法我們可以得到某一個頻率的相關八度，這些八度音對音樂有很大的影響。八度音頻率不同，但是一般人感覺PITCH相同。

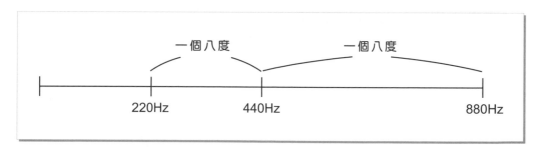

一個八度　　　　　　　　一個八度

220Hz　　　　　440Hz　　　　　　　　　880Hz

OFF AXIS 偏軸

1.）在麥克風正前方之外或其中心軸之外。

2.）距離正前方180度。

OFF-AXIS RESPONSE 偏軸響應

除了中心軸響應以外，其他都稱為偏軸響應，專業音響最長常運用在測量喇叭、麥克風及人聲。

O

OFFSET = OFFSET TIME

1.）SMPTE時碼將會驅動MIDI編曲機開始工作。相對時碼。

2.）盤式錄音機的兩個盤子，需要一個位置差，以便能及時播放出音樂。

OFFSET

（影音同步）後製用語，電視廣告，錄影帶或電影製作時，攝影與錄音的資料通常儲存在不同或同一部媒體的資料庫內，它們的總時間是一樣長，但是計算的單位不同，電影的時間最小以每秒30格計算，錄影帶以每秒24格計算，當我們從事後製作時，是利用SMPTE時碼，讓這麼多的媒體儲存裝置同步進行的。實際工作時，我們會將一部儲存媒體設為主控（MASTER），另一部或其他儲存媒體設為副控（SLAVE），每一個案子的影音資料庫起頭，並不一定在儲存媒體的最前頭，可能在中間幾分幾秒幾格之處，音樂帶和影像軟片相對的時間差，就叫做OFFSET時間。

OHM'S LAW 歐姆定律

歐姆定律是電壓V、電流I和電阻R之間的數學關係，是由德國科學家George Simon Ohm發明的，定律也以科學家歐姆Ohm為名，$V = I \times R$。

OMNI 全方位

1.）表示MIDI器材的狀態，OMNI ON表示MIDI器材可接受所有MIDI頻道上的訊號；OMNI OFF表示 MIDI器材只接受某一個MIDI頻道的訊號。

2.）表示麥克風的指向性，可接收各方向的聲音。

OMNI-DIRECTION 全指向性

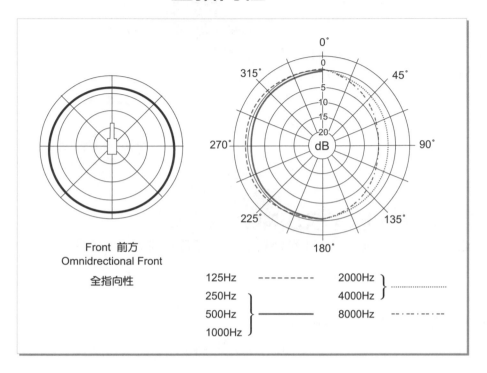

Front 前方
Omnidrectional Front
全指向性

125Hz	- - - - - - - -	2000Hz	
250Hz		4000Hz	··············
500Hz	———————	8000Hz	— · — · — · —
1000Hz			

OMNIDIRECTIONAL MIC
全指向麥克風

全指向麥克風可接收各方向的聲音。
右圖為Superlux CMH8K，係由麥克風前極和音頭組成，
其音頭有三種，分別為全指向、心形及超心形指向。

ON AXIS 中心正軸

在喇叭的正前方叫做中心正軸，或者在麥克風最高靈敏
度的方向叫中心正軸。

90°

麥克風

ONE OCTAVE GRAPHIC EQ
八度音圖形等化器

單八度音圖形等化器是最常使用，由10個頻率組成的等化圖形，每個中心頻率以1個八度音做間隔，Q值通常是固定，ISO為單八度音圖形等化器規定的標準中心頻率為16、31.5、63、125、250、500、1000、2000、4000、8000、及1600Hz，共有11個單八度音ISO中心頻率。

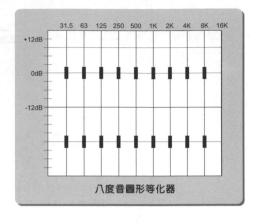

八度音圖形等化器

ONE TAKE RECORDING

錄音的技術，錄音必須從頭到尾一次OK不能重複錄音，例如：現場實況錄音。

OPEN CIRCUIT 開路

導體品質出現不良，或因其他理由，使得電流的通路不完全。

OPEN REEL 盤式機

盤式錄音機其錄音帶是繞在圓盤上，並不像卡式錄音機是封鎖在錄音機內，因此稱為OPEN開放式。

OPEN TRACK

多軌錄音帶還未被錄音的音軌叫OPEN TRACK。

OPERATING LEVEL 工作電平

音響器材被設計來工作的訊號電平；兩個最有名的工作電平是半專業器材使用的-10dBV（316mV）以及專業器材使用的+4dBu（1.23V）；正常操作不可以超過此最大電平。

ORTF =
OFFICE de RADIO DIFFUSION TELEVISION FRANCAISE

名稱取之於法國國家廣播系統，因為他們設計一種立體
麥克風錄音技術稱為ORTF法，此立體麥克風錄音技術使
用兩支心形單指向麥克風，以相距17cm，角度互呈110度的方式
錄音，這個技術產生的立體定位，和用人耳在水平方向接收音源的
資料類似，兩支麥克風的距離就像人耳的距離，兩支麥克風的角度
就像人耳的角度。ORTF立體麥克風錄音技術的錄音立體音像效果，
以SCHOEPS為佳。

OSCILLATOR 震盪器
1.）一種設備可放出測試用的，不同頻率的聲音，用來調教錄音頭或其他測試目的。
2.）合成器發出聲音的設備。

OSCILLOSCOPE 示波器
電子測試設備，測試儀器可以即時顯示當下一個或一個以上快速改變的電子數據（通
常是電壓）和時間，或另一個電子設備，或機械設備數據的函數關係。

OTL = OUPUT TRANSFORMERLESS
無變壓器輸出
一種真空管擴大機，不採用輸出變壓器，通常一台OTL擴大機，含並聯數個輸出真空
管，來取得足夠的低輸出阻抗。設計用來驅動靜電喇叭的擴大機，可以很容易的設計
出一台沒有輸出變壓器的擴大機，因為靜電喇叭本身具有很高的輸入阻抗，使得它可
以很自然的被真空管擴大機驅動。
晶體擴大機當然不需要使用輸出變壓器，因為它們具有低輸出阻抗的特性。

OUT OF PHASE 反相

當兩個相同的聲音訊號同時發聲時，兩者之間可能有一個些微的時間差，如果讓其中一個聲波出現最高點，而另一個聲波卻是出現最低點時，如此一來，兩個聲波就會發生互相抵消的現象，稱為反相。

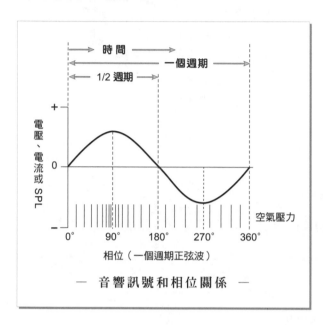

― 音響訊號和相位關係 ―

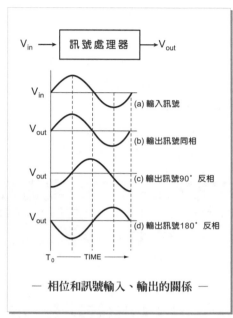

― 相位和訊號輸入、輸出的關係 ―

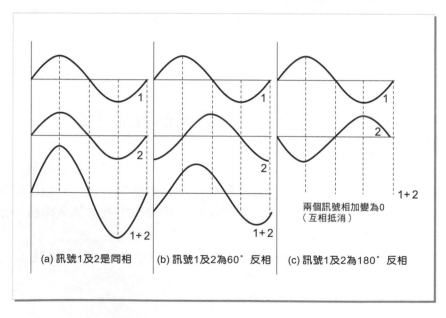

(a) 訊號1及2是同相　　(b) 訊號1及2為60˚反相　　(c) 訊號1及2為180˚反相

OUTPUT 輸出

一個用來將訊號輸出的端子/接孔。

OUTPUT IMPEDANCE 輸出阻抗

功率擴大機的輸出負載大約4～8歐姆，但這並不是它的真正輸出阻抗。規格標示的輸出阻抗值是在其擴大機傳輸最大功率時測量的，擴大機最大輸出電壓係由其內置的電源供應器決定的，實際的測量值都必須依歐姆定律計算出來。電子設備的輸出阻抗，是輸出訊號端實際的阻抗，一台輸出阻抗600 Ω 的前級擴大機，表示其輸出訊號係經由一串列600 Ω 的電阻而產生的，如果一個600 Ω 的電阻接至其輸出訊號端時，其訊號電壓將減少一半（一半為負載阻抗，另一半為內部阻抗）。

OVERDRIVE 吉他效果器

這是一種破音效果，一般是模擬傳統真空管效果器的OVERDRIVE音色。跟DISTORTION相比，OVERDRIVE的破音效果較為溫和。

OVERDUBBING 疊錄，重覆錄音

多軌錄音中在某些聲軌同步播放的情況下，去錄其它聲軌的操作模式。

OVERLOAD 過載

過載會發生是因為音響設備的輸入訊號電平太大，引起失真或削峰，失真可以持續發生，也可能出現於短暫的時間。（如下頁圖）

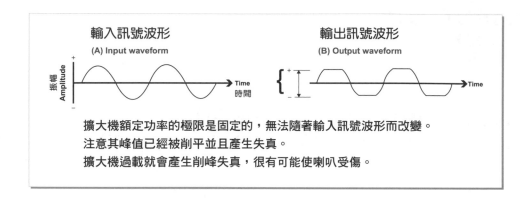

輸入訊號波形
(A) Input waveform

輸出訊號波形
(B) Output waveform

擴大機額定功率的極限是固定的,無法隨著輸入訊號波形而改變。
注意其峰值已經被削平並且產生失真。
擴大機過載就會產生削峰失真,很有可能使喇叭受傷。

OVERSAMPLING 超取樣率

用比正常的取樣頻率還高的取樣頻率,來取樣音響訊號,使得量化誤差造成的噪音減少,輸入的類比訊號,因為用比較高的取樣頻率來取樣音響訊號,數位資料的處理可以用斜率比較抖的數位濾波器工作,因為濾波器是在數位的領域內工作,不良的副作用可以消除。

OVERTONES

樂器發出泛音頻率減基音頻率之差稱為OVERTONES。

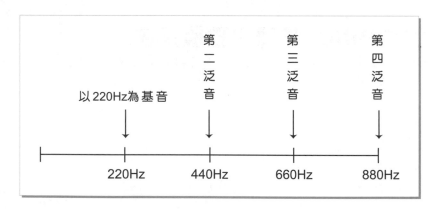

OVERTONES = 440Hz - 220Hz

或

= 660Hz - 220Hz = 440Hz

PA = PUBLIC ADDRESS 公共廣播系統

PAD 衰減

1.) 衰減是ATTENUATOR的簡稱，為了防止訊號過載的
簡單電路，可以衰減 10 或 20dB。

2.) 可以被鼓棒打擊的鼓墊（如右圖），打擊鼓墊會產
生一個輸出訊號脈衝（或MIDI指令），使電子鼓或
合成器發出鼓聲。

PAL = PHASE ALTERNATING LINE

PAL系統是德國德律風根公司發展出來的彩色電視傳輸標準，大多使用在歐洲國家、
澳洲、大陸及香港，但是法國使用SECAM系統，各系統都不能相容。

PAM = PULSE AMPLITUDE MODULATION

在類比數位轉換的第一部分，發生在取樣頻率的脈衝會被一
個類比訊號調節。

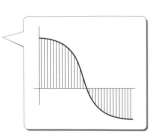

PAN = PANPOT = PANOROMA 音場控制

混音機用語，將各聲道輸入的音源，放置於立體音場中的左右之間，以產生空間定位感。聲音可設定在極左、中央、極右或任何的位置。

PARABOLIC MICROPHONE 拋物線式麥克風

拋物面反射式麥克風利用一個拋物球面及麥克風收取特定點的訊號，麥克風的震膜放在拋物球面的焦距上，所有被拋物球面反射的聲音訊號都將集中在焦距，即麥克風震膜位置（可以前後移動震膜位置獲得最佳收音效果）這種麥克風通常用在大型運動場，例如：在賽馬場錄馬蹄落地聲、美式足球場錄球員碰撞聲、高爾夫球場錄果嶺進洞聲、籃球場錄灌籃聲或在遠處偷錄某小姐的秘密交談等等，著實順風耳是也！

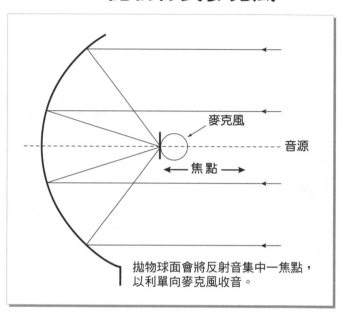

麥克風

音源

焦點

拋物球面會將反射音集中一焦點，以利單向麥克風收音。

PARALLEL 並聯

電子線路元件以並聯相接，表示電流經過連接點時會平分給並聯的數個元件，這與串聯不同，串聯相接則每個元件經過的電流都相同。

並聯相接每個元件的電壓都是一樣，但是電流則依本身阻抗而不同，因此愈多元件並聯在一起，合起來的

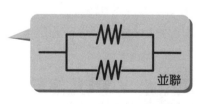

並聯

阻抗會降低，因此我們使用一台擴大機時無法並聯很多喇叭，因為擴大機無法供應足夠的電流驅動喇叭，一支喇叭阻抗如果是8Ω，一台擴大機每聲道各並聯兩支，阻抗就變成4Ω，並聯三支阻抗就變成8/3Ω，並聯四支阻抗就變成2Ω，如果您的擴大機規格沒有註明2Ω能輸出多大功率，最好多買一些擴大機。

PARAMETER 參數

各種效果器、等化器中,可以變更某元素的設定值,來改變音色或是聲音處裡方式的某元素,稱為參數。

PARAMETRIC EQUALIZER 參數式等化器

圖形等化器大部分等化曲線Q值是固定的,然而,某些場合也需要調整Q值,有一種具有可調Q值及可選擇頻率的等化器叫做參數式等化器,由於Q值可以調整,我們可以改變等化器對鄰近中心頻率的鄰居頻率受影響的程度,又可以準確地選到我們想調整的頻率,對一個內行的使用者而言,參數式等化器是工作上最佳的利器。(唯一的缺點是無法像1/3八度音圖形等化器一樣,可以同時控制31段中心頻率,但是數位參數式等化器已經解決此問題。)

類比參數型等化器不像圖形等化器有15個或31個頻率可以調整,多半是三段或四段式的頻帶調整。卻可以任意指定這些頻帶的頻率,也就是指定各頻帶的中心頻率(Central Frequency),每個頻率的頻寬,也可以利用Q值來指定。

數位等化器有了新的革命,同時可以控制30或60段中心頻率,每一個頻率都可以調Q值,還能記憶、原廠還有預設Q值,方便好用。

ARX MULTI Q

PARAMETRIC GRAPHIC EQ 參數圖形式等化器

參數圖形式等化器是參數式等化器及圖形等化器的結合體，它具備兩種等化器的功能，當我們既需要同時調整多個中心頻率，又要調整某些中心頻率的Q值的時候就需要參數圖形式等化器，最常見的是單八度音參數圖形式等化器，其10組中心頻率均可以選擇中心頻率及Q值（中心頻率的範圍在各該八度內，只要找到中心頻率，再設好Q值就可以達到各位希望的效果）。

參數圖形式等化器最常用在室內人聲補償，我們常會在室內碰到產生峰值或峰谷的頻率不在ISO中心頻率上，有了參數圖形式等化器，既可以在特定頻率上給予本身適當的增益或衰減，又可以決定鄰近頻率欲影響程度的多寡，來正確地解決細節問題。

PASSIVE 被動式

被動式音響器材被稱做被動是表示它沒有放大線路以及訊號經過它會產生電平的損失，很多音響器材都是被動式的，例如：分音器、喇叭。

PA SYSTEM ＝PUBLIC ADDRESS SYSTEM
公共廣播系統

PA是一個播音系統，包羅萬象，大多數人都把它講成劇院或室外表演的播音系統。

PATCH BAY 指定接線盒

裝在面板上的一堆插座，形成一種指定接線系統，以指定接線PATCH CORD插來插去的方式，將訊號的輸出、輸入送至一個中心點，再由該點利用指定接線PATCH CORD指定路徑；因工作系統需求設定指定接線路徑，路徑分為並聯、串連…等四種。

ALTO PATCH

PATCH CORD
指定接線

指定接線盒用來插進插出的短線。

MONSTER CABLE PATCH CORD
一包八條

PCI =
PERIPHERAL COMPONENT INTERCONNECT

電腦用語，英特爾所設計的，高性能CPU交相連接週邊設備輸出
入副控系統，是一個32位元或64位元的LOCAL BUS規格，其特點
為：可自我設定，開放式，高頻寬及獨立處理器，並允許模組式
硬體設計。

MAUDIO PCI 介面

PCM = PULSE CODE MODULATION

將音響資料編碼為一連串脈衝形式的設計，每一個脈衝會定義從0至1的變化，是一種
將類比訊號轉換為數位訊號的方法，由 Alec H. Reeves 先生於 1937 年發明。

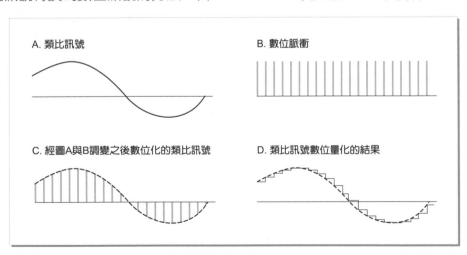

A. 類比訊號

B. 數位脈衝

C. 經圖A與B調變之後數位化的類比訊號

D. 類比訊號數位量化的結果

PCMCIA =
PERSONAL COMPUTER
MEMORY CARD INTERNATIONAL
ASSOCIATION = PC-CARD PC卡

PCMCIA卡

標準化信用卡尺寸電腦介面設備，可儲存記憶及提供資料輸出入
（數據機，區域網路卡LAN 等），使用於電腦，筆記型電腦，膝
上型電腦等，簡稱PC卡。

PEAK LED 峰值指示燈

峰值（PEAK）指示燈，用以警告使用者輸入聲道內的訊號過大，此指示燈會亮。峰值
指示燈所取樣的訊號是來自聲道中的三個點：高通濾波器之後（插入點之前）等化器
之前和等化器之後。當訊號大到快要產生削峰失真時（大約6dB的容許空間），此指
示燈就會亮，用以警告使用者訊號太大。由於在插入點之前和之後的訊號都被取樣至
此峰值指示電路，故即使插入點被外接器材插入，此峰值指示燈依然有意義。

PEAK 瞬間峰值

瞬間峰值音量可能是正常音
量 10dB 以上，這個峰值如
果不能順利的處理掉，則音
量聽起來雖然夠大夠突出，
但是卻粗糙而失真。也就是
說，如果您要重播平均功率
10瓦的聲音就需要一台 100
瓦的功率擴大機來處理那些
可能高出 10dB 峰值訊號而
不致引起削峰失真。

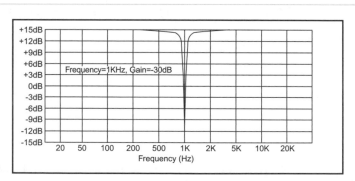

1kHz，衰減30dB，Q值=128

PEAKING 峰值型曲線 = Q 值

一個等化電路用來衰減及增益某個頻寬,產生山峰山谷形狀的響應曲線,利用中心頻率及帶通Q值參數,調整頻寬的寬窄,中頻波段的等化多半是峰值型處理,利用頻譜分析儀觀察,可看到一個山峰山谷的形狀:在中心頻率兩邊的頻率會漸漸下降(或上升),其下降(或上升)的幅度由Q值來控制。Q值越大,下降(或上升)得越快,也就是調整增益值所影響的頻寬越窄;Q值越小,則調整增益值所影響的頻寬越寬。

峰值型等化的方式,是由0dB(未等化的電平)改變電平至"中心頻率"(此時為最大改變電平)然後再改變電平一直回到0dB為止,這種等化曲線在增益時看起來像山峰,在衰減時看起來像山谷,因而得名,這種方法會影響中心頻率的鄰居頻率,音響器材裡如果有中頻的等化控制大多採用這種方式。

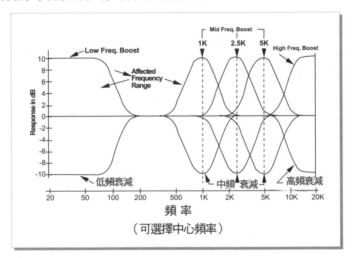

PEAK 峰值

音響波形最高的一點。

PEAK DETECTING 峰值偵測

以波形峰值的方式進行偵測及反應聲音的訊號。

PEAK TO PEAK VALUE

波峰與波谷的振幅差，等於正弦波兩倍的峰值。

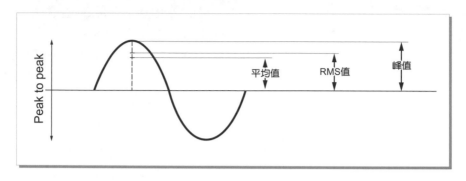

PFL 監聽 = PRE-FADER-LISTEN

監聽PFL（PRE-FADER-LISTEN）可以讓您個別監聽混音機各聲道的聲音。當某一聲道的PFL鍵按下時，此聲道的聲音就會被送至耳機及控制室輸出做監聽，並且其信號會在總音量表顯示出來，用來監控各點的訊號品質，也可以用來尋找問題所在。值得注意的是，使用PFL監聽功能時並不會影響立體和單音聲道送到主要輸出的訊號。

PHANTOM POWER 幻象電源

電容式麥克風因為本身有極高的阻抗，需要一個前級擴大機來正常工作，前級擴大機大都做在麥克風裡面，需要外加的電源才能工作，有的用幻象電源，幻象電源可由混音機供應，也有獨立的幻象電源供應器，利用同一條麥克風訊號線，既可將轉換的聲音訊號送給混音機麥克風輸入聲道，又可供應混音機提供的幻象電源給電容式麥克風；因為聲音訊號處理器是交流電而幻象電源是直流電，它們可以利用變壓器加以隔離，因此幻象電源的電壓不會損壞音響訊號。

幻象電源使用48伏特的電壓，也有12～48伏特可切換的機種，混音機有幻象電源的總開關，高級一點的混音機除了總開關之外，每個麥克風聲道會有獨立的開關。早期的鋁帶式麥克風絕對不能使用幻象電源，使用平衡式接線的話，即使使用非電容式麥克風，如果幻象電源開了，也沒有關係，注意開幻象電源之前，請先插好麥克風。

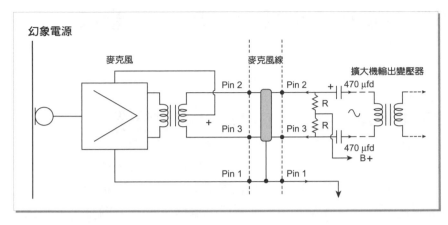

幻象電源

麥克風

麥克風線

擴大機輸出變壓器

Pin 2

Pin 2

+ 470 µfd

R

+

R

Pin 3

Pin 3

470 µfd
B+

Pin 1

Pin 1

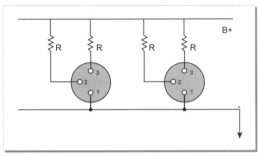

PS-2　SUPERLUX

幻象電源供應器PS-2，可同時供應兩支電容式麥克風48V的幻象電源，使用獨立的幻象電源，麥克風錄音的成果會使動態範圍增加，頻率響應表現更好，靈敏度也改善很大，比使用混音機供應的幻象電源相差很大。

PHASE　相位

利用示波器看正弦波訊號，水平軸單位是時間，波的形狀就和數學的正弦波一樣，幾何學的直角三角形，直角相鄰角度的對邊和直角對邊的比值等於SIN，正弦波曲線就是這些比值和角度的關係，而角度的值我們稱為相位。

正弦波走一圈要360度，然後會回到X軸原點，相位其實是兩個電子波形時間差的測量值，360度等於訊號出現一個週期。

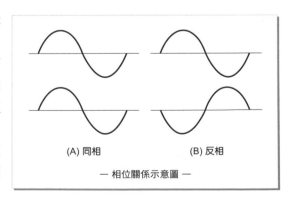

(A) 同相　　　　(B) 反相

— 相位關係示意圖 —

PHASE ADDITION 相位相加 = ＋音量
兩個波形相位相同，其能量將會相加。

PHASE CANCELLATION 相位抵消
兩個波形相位關係為 180 度或接近 180 度時，其能量將會抵消。

當兩個訊號之間有相同的時間關係，我們稱之為同相 IN-PHASE，如果不相同，稱之為反相 OUT-OF-PHASE。如果兩個反相的訊號相加一起，因為這是向量算術，它們將會相減，這個現象稱為相位抵消。另一種相位抵消發生在水波的互動，兩個波以同相相遇，其波的能量變強，兩個波以反相相遇，波的能量變弱。

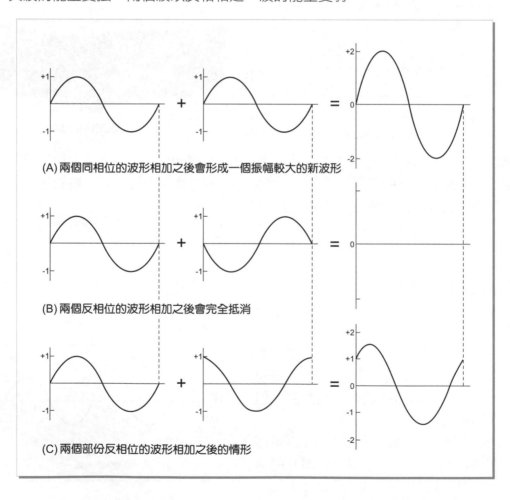

(A) 兩個同相位的波形相加之後會形成一個振幅較大的新波形

(B) 兩個反相位的波形相加之後會完全抵消

(C) 兩個部份反相位的波形相加之後的情形

PHASE DISTORTION 相位失真

因為訊號相位偏移使聲音改變。

PHASE PLUG 相位栓

為了使號角達到最高效率及最有效容許能量轉換,有一個最重要的設計為相位栓,在PA式驅動器裡相位栓是一個簡單的設備,它有很少數量的開孔使得5000～8000Hz的頻率從震膜的各個位置產生通過它之後,可以同時到達號角的喉部,在高性能驅動器,相位栓設計比較複雜,它有很多開孔,可容許將高頻率的表現延伸到20kHz。

PHASER 相位偏移器

也被稱為PHASE SHIFTER相位偏移器,是效果器的一種,係利用相位偏移的方式產生出來的效果,聽起來很柔和,多用在吉他音樂。

PHASE SWITCH 相位切換開關

相位切換開關可以顛倒輸入訊號的相位,以防止麥克風擺設位置錯誤或輸入電線接頭接錯。正常狀況,不要按下去。

PHASE SHIFT 相位偏移

相位偏移是音響器材的一種特性,當訊號經過音響器材而產生的相位改變叫做相位偏移。訊號經過電子器材時,一定會產生或多或少的時間延遲,如果每個頻率的延遲時間是常數,那麼音響器材輸入訊號與輸出之間的相位偏移,將是一種線性化頻率的改變,這種系統稱之為線性相位,但是幾乎很少器材是真的線性相位,非線性相位的改變就是相位偏移。

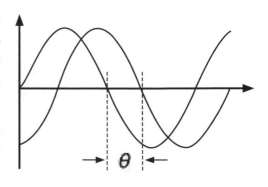

以波型來看，相位偏移將會產生波形的失真（雖然頻率響應曲線很平坦），學者懷疑人耳是否能聽到這種波形的失真呢？如果失真的程度大的話，當然聽得出來，尤其數位音響器材在處理較高頻率訊號時，會產生很多相位的偏移，尚有待學者努力研究。（如右圖所示）

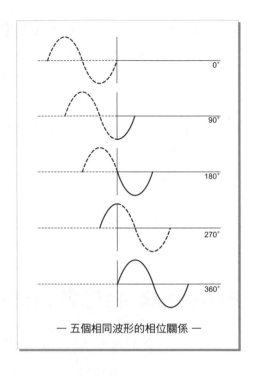

— 五個相同波形的相位關係 —

PHON

所有音響頻率相同響度的單位，是響度電平的心理單位，PHON 被定義為 1000Hz 純音色的音壓SPL，因為人類耳朵對頻率與音量之間的關係複雜，通常以 1000Hz 純音色的音壓代表所有音響頻率的音壓，以利數學的計算。

PHONO CARTRIDGE 唱頭

將儲存在黑膠唱片的機械式震動，改變為電子訊號的設備。

PHONE JACK

常見於電子琴，電吉他，電貝士，魔音琴樂器、PA器材，是聲音輸出入端子，在家用音響中很少見。規格上，以6.3mm（1/4"）PHONE來代表。PHONE JACK有立體，MONO及MINI三種，MINI又分為3.5mm及2mm PHONE兩種。3.5mm PHONE常採用在CD、MD、MP3隨身聽耳機，電腦音效卡等較細小的插座；2mm PHONE則用在音響系統控制線等。MONO PHONE JACK以TS代表，立體PHONE JACK以TRS代表，詳TRS JACK解釋。

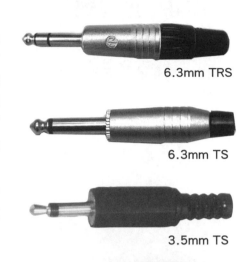

6.3mm TRS

6.3mm TS

3.5mm TS

3.5mm TRS

PHONO CONNECTOR 梅花接頭 RCA 頭

俗稱梅花接頭。用來傳輸高電平的音響訊號，視訊以及S/PDIFA格式的數位訊號，HIFI音響使用最普遍的接頭，是美國RCA公司多年前為了傳統LP黑膠唱盤訊號輸出所設計的接頭，因為體積小及價格低，廣為HIFI製造廠使用，中低價位的混音機也附有一或兩組用來錄音或放音使用。也被稱為RCA頭。

RCA頭或梅花頭

PHOTOELECTRIC CELL

一種設備當接收到光時，會產生小電流。

P

PICKUP 拾音器

1.) 吉他的一部份可以將震動的弦轉換為電子訊號。

2.) 可以將震動的東西轉換為電子訊號的設備。

拾音器

PICK UP PATTERN

麥克風拾音區域的形狀。

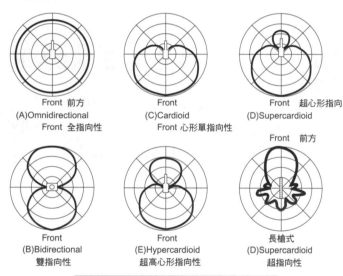

Front 前方
(A)Omnidirectional
Front 全指向性

Front
(C)Cardioid
Front 心形單指向性

Front 超心形指向
(D)Supercardioid

Front
(B)Bidirectional
雙指向性

Front
(E)Hypercardioid
超高心形指向性

Front 前方

長槍式
(D)Supercardioid
超指向性

基本的麥克風極座標圖

PIGTAIL 豬尾巴

音響接線的尾端不接接頭的狀態，俗稱PIGTAIL豬尾巴。通常用來連接BINDING POST接頭（擴大機），或SCREW TERMINALS鎖螺絲接點（專業機種）。

無線麥克風市場也有專賣高品質的領夾式麥克風廠商，適合各種無線麥克風換用，不附接頭，讓採買者依各廠牌適合的接頭，自行接用。

PILOT TONE

1.）和NEO-PILOT TONE一樣。

2.）錄音60Hz的系統，用來和1/4英吋帶同步，係由Nagra研究發展。

PINCH ROLLER

一個橡皮或塑膠導輪，在轉輪與錄音帶之間，使得轉輪可以將錄音帶拉出來。（如右圖）

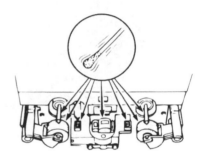

PING-PONG 乒乓錄音

一種錄音技術，將一個或多個音軌重錄製成另一個音軌，以節省音軌，並可以加入更多的音樂素材。

PINK NOISE 粉紅噪音

粉紅噪音是隨機噪音的一種，其每一個八度音具有同樣的功率（例如：100～200Hz、200～400Hz、400～800Hz等功率都一樣）。

PINNA 耳廓

聽覺用語，外耳的一部分；其作用像一個音響的濾波器或等化器，並將來自前後方的聲音分開，也稱為Auricle。

PITCH 音準 / 速度 / 某種尺寸

1.）人耳聽到各式頻率的感覺。（音樂內涵的高音、低音）

2.）專業錄音機或CD唱盤變速滑桿的控制功能，可以將播放速度稍微調整快或慢，會
　　將音準及音樂的時間改變。

3.）傳統黑膠唱盤溝槽的空間。

4.）音響頻率的音樂含意，每一個頻率都有音準。

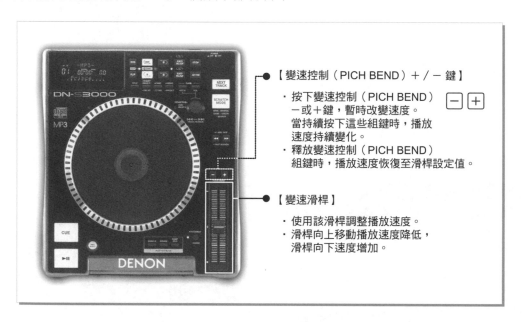

【變速控制（PICH BEND）＋／－ 鍵】

・按下變速控制（PICH BEND）
　－或＋鍵，暫時改變速度。
　當持續按下這些組鍵時，播放
　速度持續變化。
・釋放變速控制（PICH BEND）
　組鍵時，播放速度恢復至滑桿設定值。

【變速滑桿】

・使用該滑桿調整播放速度。
・滑桿向上移動播放速度降低，
　滑桿向下速度增加。

PITCH BEND 音準扭曲

一種特別的控制訊息，設計用來因應音準扭曲輪或音準扭曲桿的動作，產生音準的改
變，音準扭曲的資料可以錄下來，可以編輯，就像任何的MIDI控制資料一樣。

PITCH SHIFTER 音準偏移器

改變音響訊號的音準而不改變拍子的設備。

PLATE 殘響設備

1.）一種殘響設備，利用大片金屬板掛在彈簧鉤上，好像喇叭的紙盆一樣。

2.）真空管裡的電極，用來接收電子。

PLENUM CABLE 阻燃線材

阻燃線材，用在需要組然的區域，最常用在建築物佈線系統，某些國家會規定在天花板裡面穿越的線必須阻燃，阻燃線用PVDF（Polyvinylidene Difloride）絕緣，其材質是低燃燒分佈，低出煙量。

POINT SOURCE 點音源

喇叭系統的設計，使不同的喇叭（各自負責不同的頻率範圍）聲音卻好像是從一個地方發出來的。

POLAR RESPONSE CURVE 極座標響應曲線

極座標響應曲線亦稱為極性型式POLAR PATTERN，是一個同心圓，用以顯示音響器材訊號靈敏度與器材涵蓋角度位置的關係，例如：喇叭的極座標響應可以説明喇叭發射到不同方向的相對訊號強度，因為所有的音響器材不可能在某寬頻帶享有相同的極座標響應曲線，因此極座標響應曲線應該要測量很多種頻率才有意義。

麥克風的極座標曲線更重要，它要讓使用者知道應該將麥克風指向什麼方向，才能得到最佳的頻率響應，一般的極座標曲線是數個不同直徑的同心圓，每一個圓圈靈敏度大約相差5dB。

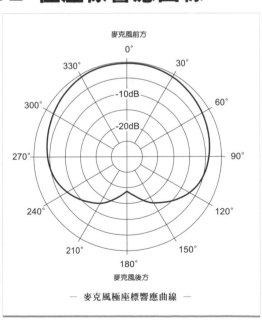

— 麥克風極座標響應曲線 —

POLARITY 極性

連接喇叭的兩條線把它接反後，喇叭圓椎紙盆的動作也會相反，原來往前推的動作變成向後縮，這種現象叫做反相，也等於180度的相位偏移。平衡式接線的正負端如果接反，也是反相的一種。

麥克風極性或稱相位，在同時使用多隻麥克風時特別要注意，同時使用很多隻麥克風，如果其中一個麥克風反相，它將產生梳形濾波現象，將會減低錄音品質及立體音場效果，因為兩個規格完全相同的麥克風並排放在一起錄音，並送入同一台混音機，如果兩支麥克風一起用，輸出應該加倍，如果是互相反相的話，總輸出電平將比使用一支麥克風的輸出電平小0～50dB，所以請各位檢查一下麥克風的訊號線。

POP FILTER 口水罩、防風罩

裝在麥克風上或裝在麥克風與歌手之間的設備，防止由歌手發出來的噴氣聲。（如右圖）

PORT

連接資料的輸入或輸出。

PORTAMENTO

一種滑行的效果，可以讓聲音逐漸的改變音準。

POST 之後

經過某元件之後擷取的聲音訊號，我們就稱之為POST。例如：混音機的AUX設定，如果選擇POST FADER，表示AUX聲音訊號要經過聲道音量推桿控制大小聲，相反的，PRE-FADER的聲音訊號要由音量推桿之前擷取，表示AUX聲音訊號才能不接受聲道音量推桿的控制。

POST FADER 推桿之後

訊號路徑，座落在推桿之後的某一點，適合接效果器，被外接式聲音處裡器處理過的訊號電平，會和聲道推桿同時改變。

POST PRODUCTION 後製作

電影或錄影帶拍完之後，還要製作的事，稱為後製作，譬如電視連續劇人聲配音，對白混音，音樂，加特效，上字幕，剪輯等。

POTENTION METER 電位計

POWER

1.）電流產生光，熱或做其他的工作，其能力的測量值。

2.）其他能量形式工作的類似測量值。

3.）一種開關可以將設備電源打開。

POWER SUPPLY 電源供應器

將家用電壓轉換成電子電路或設備所需要電壓的設備。

PPM 峰值反應型電錶

峰值反應型電錶是為了要記載任何訊號的峰值電平，不論其時間多短暫（例如：小鼓）都能正確地顯示出來。在現場成音工作上，這個功能是很重要的，因為短時間的削峰失真，也可能會帶給喇叭系統的高音驅動器承受不了的壓力，提供峰值反應型式的電錶，無非是希望您更有能力控制全局。

PPQN = PULSED PER QUARTER NOTE

MIDI CLOCK的內容，用來獲得同步訊號。

PQ CODING = PAUSE CUE CODING

製造CD時加入暫停PAUSE，定位點CUE及其他副控碼的資料給數位母帶的程序。

PRE-AMP 前級擴大機

PRECEDENCE EFFECT

人類聽覺的一個效應，人類取得音源位置定位的因素中，聲音延遲的效果比音量大。

PRE-EMPHASIS

讓高頻率在尚未做音效處理之前，先增益，使得噪音可以減少的一種系統。放音時也需要一個衰減的程序，以便還原原始訊號。

PRE / POST SWITCH

輸入聲道的開關，決定輔助輸出的訊號要從推桿之前或之後取得。

PRE-ROLL TIME

自動切入切出術語，是切入點之前開始放音的時間。

PRESENCE 臨場感

樂器聲音錄音的品質有如現場表演。

PRESENCE FREQUENCIES

音響頻率範圍在4kHz至6kHz之處，如果增加音量，經常會增加現場突出的感覺尤其是人聲部分。

PRESET 預設

音響用語：效果器或聲音處理器、MIDI樂器出廠時，已經由製造商設定好的效果程式，可被使用者馬上叫出來用的，稱為PRESET。

PRESSURE-GRADIENT MICROPHONE 壓力梯度式麥克風

麥克風用語，麥克風震膜的正反面都暴露在聲波的震動中，讓震膜震動的力量，造成震模正反面的音壓不相同，就叫做壓力梯度式麥克風；震動力量的大小依前後震膜拾音口的距離，拾音頻率，拾音角度而異，因此，方向的變化及聲音旅行路徑的不同，可以被利用來設計指向性麥克風，例如：心形、8字形、或超高心形。

PRESSURE MICROPHONE 壓力式麥克風

麥克風的震膜前方因聲波壓力而震動，其震膜後方在麥克風保護殼內，將和正常的或受控制的聲波壓力互動。

Superlux PRA318S/L
全指向性動圈式麥克風，記者ENG採訪專用。

PRESURE ZONE MIC
平面式麥克風 PZM

平面式麥克風是一種迷你電容式麥克風裝在一片
反射板或天花板、牆壁上；麥克風的震膜位置正
好在反射板或天花板、牆壁正上方，使得直接音
及反射音可以同時間同相位有效率的轉換為電子
訊號，在很多錄音及PA的場合，音響控制者有時
別無選擇，一定要將麥克風放在靠近堅硬的反射
面，舞台地板上或將麥克風放在鋼琴上面板開口

Superlux PRA 418

處，這種情形麥克風會收到兩種音源：一個是直接從音源過來的直接音，另一個是被
堅硬的反射面、舞台地板或鋼琴上面板反射，且稍有延遲又反相的反射音，這兩個聲
音的組合使得某些頻率因反相而消失，能量轉換後頻率響應產生了一些新的峰值或峰
谷，影響了錄音音色品質及產生不自然的音響。

如果我們將這個兩聲音相加（其中一個聲音稍微加一點DELAY）模擬真實的情況，會
發覺這個組合音聽起來和任何一個音源都不像，因為相位的相反使某些頻率被抵消
了，失去了原來的音色。

平面式麥克風就是設計用來必須貼近表面錄音，又不會導致音色喧染的麥克風，它的
震膜非常靠近反射板並和反射板平行，因此直接音和反射音可以同時間同相位收音，
解除了反相的問題。

PROCESSOR　處理器

改變音響訊號的動態或頻率內容的設備，例如：壓縮機，雜音閘門及等化器。

ARX　COMPO

PRODUCER 製作人

音樂錄音計劃總 ，負責在預算內完成符合品質的作品。

PRODUCTION 製作

1.）一個曲子的錄音，歌曲、錄影帶或影片的蒐集。

2.）負責在預算內完成符合品質音樂作品的工作。

PRODUCTION STUDIO 製作公司

錄音間專門從事將預錄好的音樂加上效果，和新錄好的對白，進行剪輯、混音做成商業廣告及廣播電台節目。

PROGRAM CHANGE

一種MIDI訊息，用來改變樂器或效果器之間的指定接線，或回覆程式及混音場景。

PROPAGATION 傳導

波的傳導或沿著物質傳送的動作，以電磁波來說，除了可在物質之間傳導之外，也可以在真空的空間內進行傳導。

PROTOCOL 協議

一個特別的規定,和兩個設備之間資料傳輸的過程或格式及時機的協議有關。一個標準的程序,兩個發生傳輸關係的設備,一定要接受並利用它互相了解對方。

P

PROXIMITY EFFECTS 近接效應(近嘴效應)

音源愈靠近麥克風震膜,低頻響應愈大,叫做近接效應。近接效應對於現場表演很有用,若表演者希望他的聲音或樂器多一點低頻的表現,只要靠近麥克風一點就可以。

PSYCHOACOUSTICS 心理聲學

以心理學邏輯來探討建築聲學的現象,心理聲學家研究的領域包括耳朵對聲音定位的能力,音響訊號相位偏移的現象,耳朵靈敏度對於各種失真的種類及失真數量之關係等等,是個人因精神及情緒的不同,對聲音的研究,一門很新的學問。

PULSE CODE MODULATION = PCM

磁帶裡震幅脈衝的運用,可以錄下數位音響的數位位元訊息 。

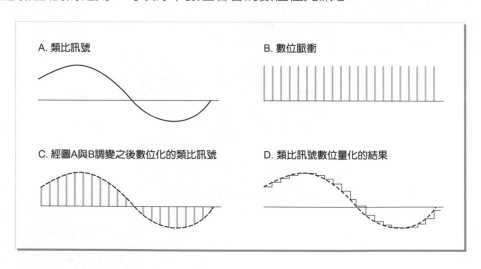

A. 類比訊號

B. 數位脈衝

C. 經圖A與B調變之後數位化的類比訊號

D. 類比訊號數位量化的結果

PULSE WAVE 脈衝波

類似方波，但是不對偶，PULSE波的聲音比方波的聲音亮一點、瘦一點，使得它們在合成琴模擬簧樂器很有用。

PULSE WAVE MODULATION 脈衝波調變

根據一個控制電壓輸入（通常從LFO），平順的從一個方波轉變成脈衝波。

PUNCH IN 切入

將已錄音的音軌播放出來時，於適當之點，再使其處於錄音狀態，將錄音插入，因此已存在的錄音可能繼續或被取代。

PUNCH OUT 切出

錄音機（或其他錄音設備）執行PUNCH IN之後，切換成不錄音狀態的動作稱為切出，幾乎所有多軌錄音機都可以在錄音機不停止之下，執行切入與切出。

PUNCH IN / OUT 切入 / 切出

錄音結果發現有地方需要修改，音樂內容可以容許切入/切出的動作，不會損傷前後其他樂句。重新播放錄音，只針對該需要修改之處重錄。切入/切出錄音功能，可以設定切入點及切出點，錄音座會在設定的小節才自動開始錄音及停止錄音，或由腳踏板控制，因此不會影響其他小節的原始錄音資料。

切入/切出錄音功能有兩種：

1.）自動切入/切出，先設定好切入/切出之點後，多軌錄音機會自動在設定點執行切入/切出錄音。

2.）手動切入/切出，一般使用腳踏板，由腳踏板操控切入/切出的動作。腳踏板踩一下為切入，再踩一下為切出。

PURE TONE

只含有基礎頻率不含諧波頻率的音，其波形為正弦波。

PVC CABLE = Polyvinyl Chloride

使用PVC套在導體外圍的線材，是使用最多的線材封裝外皮，沒有防煙保護，只可用在建築物密閉的通風系統內， PVC可以防水、防燃、但不防煙，PVC燃燒就會釋放出毒瓦斯，如果PVC線裝在壓力通風系統內，毒瓦斯就會蔓延到全部大廈。

Quadratic Residue Diffuser 二次餘數擴散板

Schroeder Diffuser擴散板的一種，一個平面有一列平行的凹槽，同寬，但是凹槽的深度不同，其深度和質數的數學算式有關。

PZM = PRESURE ZONE MICROPHONE
平面式麥克風

Superlux PRA 428

Q

X·Files

PROFESSIONAL AUDIO

Q

Q值是等化曲線的另一個基本特性,也同時跟曲柄型和峰值型等化曲線有關,Q值可以解釋為:等化器決定中心頻率與左右相鄰頻率同時被影響的範圍大小,因為實際運用上,等化發生的效應不會只針對中心頻率而已,從測量及實驗結果畫出來等化曲線,以數學的理論得知曲線的改變與斜率有關,斜率可以表示曲線是陡還是較平坦,其曲線就有很大的差異,對等化曲線而言這種因素就叫做Q值,大多數中低價位的等化器,混音機,前級擴大機上等化器的Q值都是設計為固定不變的,只有專業的機種有改變Q值的功能,Q值大則曲線較陡,影響左右相鄰頻率較小,Q值小則曲線較平坦,影響左右相鄰頻率較大。

頻譜分析儀4U2SET使用的濾波器,其Q值的規定就很嚴格。

舉1kHz之例來說,其相關的800Hz及1.25kHz就得比1kHz小18dB;630Hz及1.6kHz就得比1kHz小42.5dB;500Hz及2kHz就得比1kHz小62dB;400Hz及2.5kHz就得比1kHz小75dB。

如圖,最外圈及最內圈的範圍是標準容許空間,要達成這種規格測試儀器才會準,相對的價錢就低不下來。

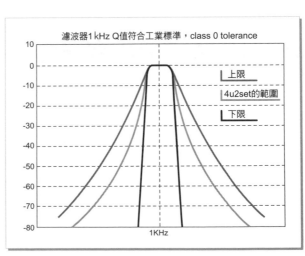

濾波器1 kHz Q值符合工業標準,class 0 tolerance

上限
4u2set的範圍
下限

Q SOUND

加拿大公司擁有3D音響技術專利，為兩聲道播放系統設計，Q SOUND在電腦、電視遊戲市場及電影院發展很成功，利用高階訊號處理技術，Q SOUND在原始資料內加入座標定位提示，因為喇叭及耳機的播放環境不同，兩者也存在不同的演算，Q SOUND 允許音樂製作人，將特定音響事件的音場位置，移往兩支喇叭聲音擴散區域之外的虛擬位置，其效果主要是擴張音場效果，Q SOUND的最佳效果是聆聽者坐落在SWEET SPOT最佳位置（和兩隻喇叭距離相等之處）。

QUAD = QUADRAPHONIC
四聲道系統

一個四聲道音響系統，四個聲道分別為前左、後左、右前及右後。

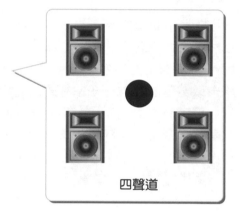

四聲道

QUANTIZATION 量子化

類比轉換數位程序中編碼的過程，最接近類比輸入最可能的二進位值，以20位元系統為例：脈衝大約為 1,048,576個二進位值之一，是 16 位元CD系統的四倍，這些最大大約值，並不是類比波形確切的複製行為，因此就含有量子化的錯誤內容（噪音），然而這些噪音可以利用超取樣功能來減少。

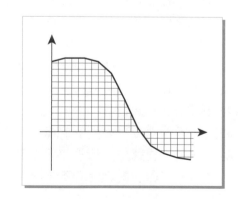

QUANTIZATION DISTORTION / QUANTIZATION ERROR 量子化失真

一種調變噪音（也被認為是一種失真）發生在數位處理／錄音時，係因取樣電平被改變，而無法形成標準的量子化電平。

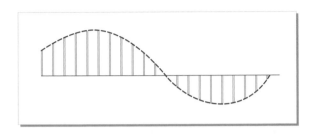

QUANTIZE 量子化

配備在編曲機或編曲軟體上的功能，可以自動修正拍子不準的音，讓每個音都落在精確的拍子上。更進一步的功能，還可以根據曲風，將音符的節奏調整至該曲風適用的位置。

QUICK TIME

由蘋果電腦發展，並內建於麥金塔電腦的一種錄影帶及畫系統。PC也可以支援QuickTime格式的檔案但是需要一個特別的QuickTime驅動程式，QuickTime支援大多數的編碼格式包括CINEPAK，JPEG及MPEG。

R | X Files
PROFESSIONAL AUDIO

RACK　簡稱機櫃

木質或FRB機櫃，四角均有鋁合金護邊、護角保護，以利運送，裝機器的兩邊有洞，可以鎖螺絲，寬度為國際標準尺寸19英吋，適合攜外使用。

RACK EARS ＝ RACK FLANGES

機櫃安裝五金（俗稱耳朵）可以加裝在音響設備前面板兩側，使音響設備可以安裝在標準機櫃上。

RACK MOUNT

安裝在標準機櫃上。

RACK SPACE

標準 19"寬機櫃，以U為高的單位，當做各設備組裝高度的參考，1U的高度大約等於7/4"（4.445公分）高。（如右圖）

RACK TOMS　固定中鼓的架子

直徑 10至 14英吋的中鼓，安裝在落地鼓上方的架子。

RADIATION　輻射

喇叭擴散涵蓋的角度及型式。

RADIATION PATTERN　輻射型式

利用極座標圖畫出喇叭擴散涵蓋的範圍。

RADIO FREQUENCIES　無線電頻率

頻率高於20,000 Hz稱為無線電頻率（通常為 100 kHz以上）。

RADIO FREQUENCY INTERFERENCE ＝ RFI
無線電頻率干擾

本干擾係發生於無線電及電視廣播電台的音響設備。理論上，廣播電台會干擾音響設備，因為它們之間的頻率相差很大，然而，大多數的電子音響電路在無線電頻率的時候是非線性的。因此，干擾的訊號才會被修正，被偵測到，其訊號的封波就被稱之為干擾。

RAM = RANDOM ACCESS MEMORY
隨機存取記憶體

電腦用語,儲存臨時程式及資料的記憶體,其儲存資料可以編輯,但是需要連續的電源供應,電源關閉則所有資料將都不見。(註:資料必須隨時儲存至硬碟內。)

RAMP WAVE

一種波形類似鋸齒波形,唯一不同之處係由零電平開始而逐漸升至峰值電平,然後馬上降至零電平,形成一個週期。

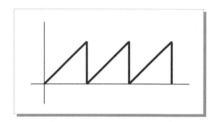

RAP 饒舌

一種伴著音樂節奏不停講話或打擊樂器的表演。

R-DAT

使用旋轉頭系統的數位錄音機。(如右圖)

SONY TCD-D10 PRO2

RANDOM ACCESS 隨機存取

電腦硬碟之類的儲存器材,不用倒帶或快轉就可以立刻存取任何指定資料的存取方式,稱之為隨機存取。

RCA PLUG OR JACK RCA 接頭

請參考PHONO CONNECTOR。

REAL TIME 即時

訊號被錄音或播音時，尚可進行音響處理的狀況就稱為即時，其相反詞為OFF-LINE，
其訊號被處理的時間非為即時。

REAL-TIME ANALYZER = RTA 即時分析儀

即時分析儀是頻譜分析儀的一種特殊型式，係由一群帶通濾波器組成，每一組帶通濾
波器都有一個固定頻帶寬度比例，例如：一個八度或1/3個八度，所有濾波器輸入都
和輸入訊號連接在一起，每一組濾波器輸出都經過一個偵測器可由顯示幕觀察，顯示
幕是利用訊號振幅和頻率變化為座標的圖形，每一組頻帶寬度的振幅由dB表示，顯示
幕是動態的，即時分析儀就是表示顯示幕的內容是隨著頻率分析同步的反應而改變，
經由顯示幕可以了解輸入訊號位於音響頻率的位置，可作為混音、編曲的參考。

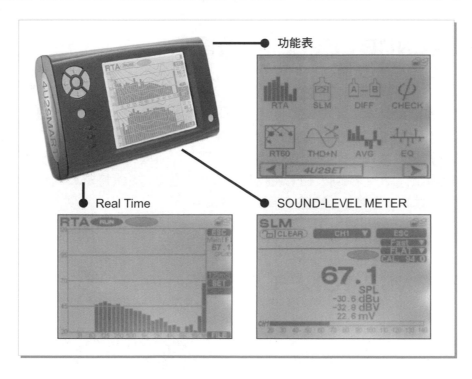

RECORD CALIBRATION 錄音訊號校正

一種錄音機電子控制功能，使得在輸入位置量到的訊號電平，和錄到錄音帶播放出來的訊號電平一樣。

RECORDING 錄音

RECORDING SESSION 錄音時段

正在錄音的時候叫錄音時段。

REFERENCE LEVEL 參考電平

音響器材的參考電平就是運作時的標準電平，以錄音機來說參考電平就是產生最大信噪比的電平，我們必須要知道音響器材工作時的電平及不致失真的最大電平，為了監控訊號電平要使用電表，電表會有參考電平的訊號，通常在0VU處，這個參考電平是NAB於1954年為錄音機訂定的標準，其定義為700Hz的電平可產生1% 第三階諧波失真的電平就是參考電平，錄音機依此標準錄製，在播放出來時，其訊號輸出會產生一個特別的輸出電壓，該電壓在電錶指示0VU時產生0.775伏特RMS（電表應直接在600歐姆的負載），通常0VU實際表示為＋4dBm。

REFERENCE TONES 參考音

和測試音同義。

REFLECTED SOUND
反射音

從四週表面傳來的，送到麥克風或聆聽者的第一反射音或第一以上反射音。（如右圖）

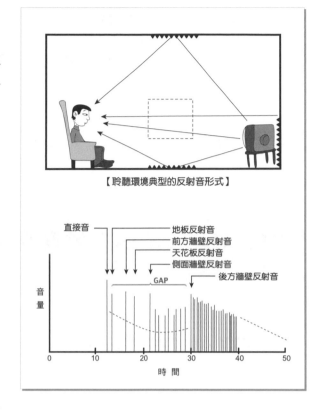

【聆聽環境典型的反射音形式】

RELEASE 釋放

1.) 讓增益或電平返回正常。
2.) 鍵盤按鍵釋放之後，合成器音量降至沒有聲音。

RELEASE TIME
釋放時間

當輸入訊號超過觸發電平之後又降低時，動態處理器改變增益後恢復原狀的時間。

REMIX 重新混音

重新混音是一種音樂製作的型態，係將已錄製好的音樂片段或聲音經過效果器的處理或DJ混音機的排列組合，創作出一首不同混音方式的新樂曲。

REMOTE 遙控

讓控制者在遠距離控制電子產品的設備。

REMOVABLE MEDIA DRIVERS 卸除式磁碟機

像Zip、MO、CD-R、外接硬碟、隨身碟等儲存裝置，可讓您更換碟片或卡帶，以儲存更多的資料，這就是卸除式磁碟儲存裝置。這種器材讓您做資料的備份時會更方便。

RESIDUAL MAGNETIZATION 殘留磁力

有磁力的物質將磁力消除之後，尚留下的磁力。

RESIDUAL NOISE 殘留噪音

錄音帶消磁後尚留下的噪音電平。

RESISTANCE 電阻

電流的抵抗力，單位為歐姆，符號為 Ω。

RESOLUTION 解析度

用數位系統表現類比訊號的正確 ，稱為解析度，解析度是指一個取樣值的位元數，使用位元數越大，每一個採樣的震幅就測量的更正確，所能表現的數值範圍就越廣。

RESONANCE 共鳴

是機械式電子系統的特性，當它們接受外力時，會在某一頻率震動，而且外力消失時，還會持續，這種現象就叫做共鳴，鈴鐺是最佳的例子。所有機械結構會在很多頻率中共鳴，是音響傳輸與轉換時最大的問題，因為它們加入了共鳴頻率渲染了音樂本身，喇叭箱的設計就遭遇很大的問題，最理想的狀況是設計師設計一個轉換能量的結構，使其共鳴頻率發生在人耳聽不到的範圍，大多數麥克風就是如此處理，然而喇叭卻無法如此設計。我們必須將共鳴頻率消音，因此而產生一些失真的元素。高音喇叭共鳴現象是最難搞的，因為人耳對高頻率最敏感，最容易分辨差異。

RESONANCE FREQUENCY 共鳴頻率

產生共鳴的頻率就叫共鳴頻率。

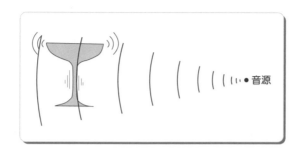

RETURN 倒送

REVERB = REVERBERATION 殘響

殘響是在房間內的音源停止發聲後，另外持續存在的聲音，在戶外遼闊的空間，被視為無殘響，因為聲波傳送出去不會再反射回來，但是在室內發聲，殘響就發生了，並且距離喇叭愈遠就愈可能處於殘響區域內，愈聽不清楚喇叭發出的直接音。

殘響機的定義是複製數個輸入的訊號源，可調整複製的速度及複製的數量，適當的加入殘響效果可以將人聲或樂器聲的內涵更加豐富，讓小的表演空間顯得更有深度，更加寬廣。

早期的殘響機使用彈簧製造殘響效果，轉換電子訊號為彈簧的機械式震動，改變彈簧震動的參數後再轉換回電子訊號，完成加入殘響效果的任務，這種機器很便宜但是不能滿足大家的需求，因為很難調整殘響複製的時間，對於殘響特性的改變又缺乏有效的解決辦法，自從數位式殘響器問世之後，挾其可程式調整各種參數的強大的功能，迅速占有市場，取代了傳統的殘響機。

REVERBERANT FIELD 殘響區

在一個有殘響的室內，當我們較接近音源可以聽到直接音時，稱該範圍為直接音區，如果遠離音源，很多經室內反射的間接音已經大於直接音音量時，該範圍稱為殘響區。

REVERBERATION 殘響

音源停止發音後，室內仍然存在的聲音叫殘響，很多人誤會為回音ECHO，殘響時間RT60的定義是讓殘響音量衰退為千分之一所需的時間稱為殘響時間，換句話說是音壓電平減低60dB的時間。

所有室內房間都有殘響，只是殘響時間不同，室內音響環境就不同。聆聽者聽到的聲音是音源直接音和房子殘響的組合，殘響的組成很複雜，反射的聲音從房間的各種方向而來，而直接音是能讓我們確認聲音來源的方位，當我們遠離音源時，直接音變弱而殘響相對地變強，在某一點當直接音與殘響音量相等時，稱此距離為臨界距離。

殘響時間相對於建築物讓我們聽到什麼聲音沒有意義，必須要了解殘響時間，殘響的

電平、建築物大小等因素，才能判斷、音響系統的設計，一個殘響時間6秒的大教堂對於在教堂裡面講話的兩個人來說，聽不到什麼殘響，但是殘響時間6秒的小空間只要兩個人講話就會聽不清楚，大空間反射回來的殘響比小房間的殘響在時間上比較慢，音量也比較小，因此大的空間可以容忍較長的殘響時間，大多數的商業音樂錄音或家庭電影院環繞音響處理器都會加入人工殘響，讓聽者模擬在不同的環境聽音

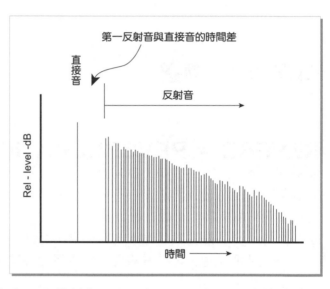

樂，其實錄音室裡殘響很少，幾乎沒有；母帶製作過程是加入了電子人工殘響來模擬真實的環境，電子人工殘響是絕對和實際殘響不同的，但是消費者已經習慣了！

RF INTERFERENCE 無線電頻率干擾

很嚴重的干擾，但其頻率超過人類聽得到的範圍，無線電訊號的感應，（通常由電視台，廣播電台發出）影響音響傳輸線造成噪音，BUZZ音及靜電。

RHYTHM SECTION　節奏組

多軌錄音時大多先錄節奏感強的樂器部分，例如：吉他、鋼琴、貝士、鼓。

RIAA =
RECORDING INDUSTRY
ASSOCIATION OF AMERICA
美國唱片工業協會

該協會制定很多傳統黑膠唱盤的重播標準。

RIAA EQUALIZATION CURVE RIAA　等化曲線

RIAA等化曲線標準最初由RIAA於1953年建議，並被唱片錄音工業界採用，1964年NAB也相繼採用並和RIAA一同簽署為IEC 60098（IEC 98）國際標準，一直沿用至今。等化曲線使用在刻黑膠唱片的時候，播放黑膠唱片時也需要使用該等化曲線，需要一台黑膠唱片播放前級擴大器；等化曲線衰減低音頻率，增益高音頻率（以1kHz為參考點）為了達到最大動態範圍，採用側面雕刻黑膠唱片槽溝（老式的雕刻方式是垂直式）；立體唱片的槽溝被兩個震動系統驅動的雕刻唱針（鑿子的形狀）以直角角度刻下去，雕刻唱針機械式的震動，依音樂訊號傳至鑿頭的情形從一邊傳至一邊；這種在槽溝中心線前後移動的動作，叫槽溝調變GROOVE MODULATION。槽溝調變的振幅不能超過一個固定值或不得雕刻過頭，雕刻過頭或槽溝調變過度，表示槽溝被刻穿溝壁，因為低音頻率容易造成雕刻過頭或槽溝調變過度，一定要衰減以防止雕刻過頭或槽溝調變過度，另外高音頻率一定也要增益來克服唱片表面自然產生噪音的現象，以便改善訊噪比。（如下頁圖表）

RIBBON MICROPHONE　絲帶麥克風

1923年德國科學家Walter Schottky與Erwin Gerlach發明絲帶麥克風，其結構係使用非常薄的，被打摺，或波紋形的金屬鋁箔絲帶（約～0.002mm），減少縱向的鋼性，得到最小的共鳴頻率，連接在兩個永久磁鐵極性之間，空氣壓力會使絲帶移動，並和保持常數的磁場讓絲帶感應出一個電壓，電壓大小和聲音壓力大小及頻率高低成正比，8字形指向。

RIAA曲線 相對1kHz各頻率音量衰減或增益的關係			
Frequency	Attenuation in dB Relative to 1kHz	Frequency	Attenuation in dB Relative to 1kHz
10	19.74	1000	0
20	19.27	1200	−0.61
30	18.59	1500	−1.4
40	17.79	1800	−2.12
50	16.95	2000	−2.59
60	16.1	3000	−4.74
80	14.51	4000	−6.61
100	13.09	5000	−8.21
120	11.85	6000	−9.6
150	10.27	8000	−11.89
180	8.97	10000	−13.73
200	8.22	12000	−15.26
300	5.48	15000	−17.16
400	3.78	18000	−18.72
500	2.65	20000	−19.62
600	1.84	30000	−23.12
800	0.75	40000	−25.6

RING MODULATOR

一種設備可以接受並且以特別的方式輸入訊號，使得輸出訊號不包含任何原始輸入訊號，但產生一種新頻率是由輸入訊號頻率的加減而得，最有名的RING MODULATION是Dalek音色的創造，依輸入訊號之間的關係，也可能創造出極具戲劇性的樂器內容，其結果可能音樂性很高或極度的不和諧，例如：創造出鈴聲的音色。

RING OUT A ROOM

一種測試，經常在音響系統為演出裝台之時執行，方法是由喇叭送出粉紅噪音，將就定位的麥克風音量調整至最大，直到產生回授。

RISE TIME

音響波形突然增加到較高電平的最快時間。

RMS = ROOT MEAN SQUARE 均方根

一段時間內，信號大小變化的能量平均值計算方法。用來比較擴大機的功率，其測量值比峰值功率或Peak-To-Peak功率更實際。

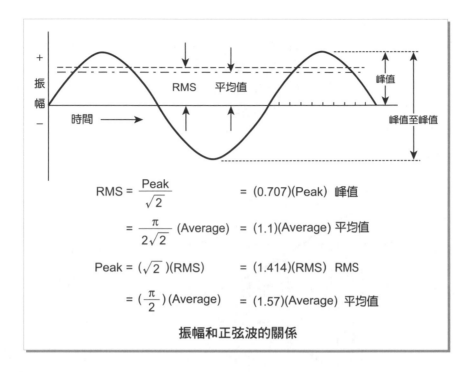

RMS = $\dfrac{Peak}{\sqrt{2}}$ = (0.707)(Peak) 峰值

= $\dfrac{\pi}{2\sqrt{2}}$ (Average) = (1.1)(Average) 平均值

Peak = $(\sqrt{2}\,)$(RMS) = (1.414)(RMS) RMS

= $(\dfrac{\pi}{2}\,)$(Average) = (1.57)(Average) 平均值

振幅和正弦波的關係

RoHS =
Restriction of Certain Hazardous Substances
危害物質禁用指令

RoHS危害物質禁用指令是歐盟為電子、電氣設備所要求的環保指令；
2006年7月起實施的RoHS指令，限制電子、電氣產品中使用鉛、鎘、汞等有害物質成分。禁止使用有害物質有鉛（Pb）、鎘（Cd）、汞（Hg）、六價鉻（Cr6+）、多溴聯苯（PBB）。

ROLL-OFF 滑落現象

1.) 高頻率輸出滑落現象：

高動能驅動器雖然觀念及設計很先進精良，但是它無法在很高的頻率產生固定的輸出功率，這種狀況可以利用號角來彌補，因為號角可以使聲音的能量更具方向性，然而高頻率輸出滑落現象會在頻率響應曲線明顯表現出來，而號角喇叭則會因頻率增高而使平均擴散的角度縮小，其實這正是我們想利用的特性。在這種情況下，平順的高頻功率其滑落現象將在3000～6000Hz左右產生，這是自然的，這是因為採用既耐用又輕薄的材料所致。實際使用上，自然功率的滑落，可以用等化器把高頻率做增益的調整，以為補償。

R

2.）低頻率輸出滑落現象：

為專業錄音設計的麥克風；專門在環境音較強的室內，清楚的錄下音源又得把環境噪音減少的辦法，就是使用低頻率輸出滑落的麥克風近距離錄音，利用近接效應產生的低頻增益與低頻率輸出滑落現象抵消，使得環境噪音無近接效應之助，又得接受低頻率輸出滑落現象，自然減少了環境噪音的強度，至於其反向造成的高頻率抵消現象，可以用等化器補償，或使用既低頻率輸出滑落現象又有高頻率補償的麥克風。

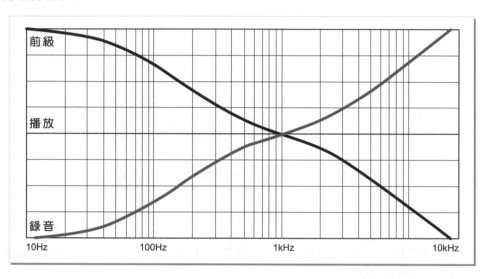

ROLL OFF 滑落
當頻率變高或變低時，使得輸出衰減稱為滑落；有時被衰減的頻率部分也稱為滑落。

ROLLOFF RATE 滑落速率
濾波器滑落速率，low-pass低通濾波器，high-pass高通濾波器及bandpass帶通濾波器將經過濾波器以外的頻率範圍衰減，其衰減率以dB/octave每八度衰減幾dB為單位，測量訊號衰減的斜率，斜率以6dB/octave每八度衰減6dB，或12dB/oct每八度衰減12dB，18dB/oct每八度衰減18dB，24dB/oct每八度衰減24dB為單位。

ROM = READ ONLY MEMORY 唯讀記憶體
一種記憶體其儲存的資料不可編輯，不可改變，但是不需要連續的電源供應，工作系統大部分儲存在唯讀記憶體，因為電源關了，資料也不會消失。

ROOM EQUALIZATION

等化器插入監聽系統，因為室內建築造成的頻率響應缺陷，希望能用等化器補償。

ROOM MODES

建築聲學用語，這是一種在室內或密閉空間裡，由平行表面造成的房間共振現象，房間共振肇因於房間尺寸，室內最低共振頻率其波長的1/2，就是兩個牆面的距離，最低共振頻率的倍頻也會跟著一起共振，Room Modes在房間內產生不均勻的聲音音量分布，讓某些頻率大聲，某些頻率小聲。

ROOM SOUND

室內環境音，包括殘響及背景噪音。

ROOM TONE

沒有人講話或演奏音樂時，室內的背景噪音。

ROTARY CONTROL 旋紐

一個設備的電平或其他控制零件，利用旋轉來控制。

ROUTING 指派路徑

指定輸入聲道或錄音機及效果倒送至群組輸出或立體輸出的動作。如右圖，推桿右邊的按鍵均有此一功能。

ROUTING SWITCHES
訊號派送開關

訊號派送開關可將輸入聲道的訊號派送到立體混音L/R輸出或立體群組GROUP輸出。

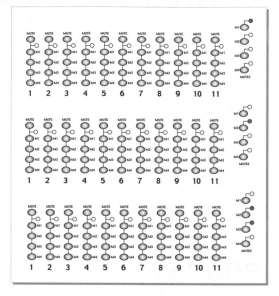

RS 建議標準 = RECOMMENDED STANDARD

RS-232

標準串連介面（EIA/TIA-232-E）用在個人電腦上，廣泛的支援雙向資料傳輸，是最普遍的連接週邊硬體及器材的介面，使用限制為：一次只能接一台以及短距離。原始標準又稱為DB-25接頭，但是現在允許較小的DB-9接頭；目前已被USB介面取代。USB1.2及USB2.0的傳輸速度既快，又可以接很多周邊設備，新的筆記型電腦已看不到RS-232接頭了。

RS-422

1978年由ELECTRONICS INDUSTRY ASSOCIATION電子工業協會採用的標準，也稱之為EIA-422-A。係為電腦長距離連接（DAISY-CHAIN型態最常1000公尺），使用平衡式雙絞線。

RT60 室內殘響時間

殘響音壓衰減60dB所需的時間，稱為RT60殘響時間。

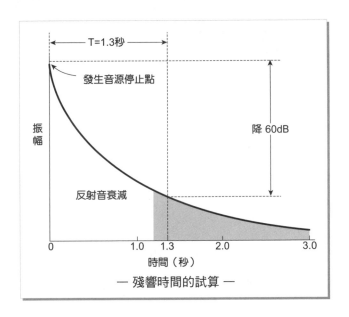

— 殘響時間的試算 —

RUMBLE 唱盤噪音

傳統黑膠唱盤放音樂時，希望操作愈平順愈好，雜音愈低愈好，但是不管如何仔細設計，仍然避免不了唱盤噪音，因為墊片不規則，軸承與滑輪不同心，和不能慣性運動的皮帶等因素都會產生噪音（大部分是低頻），通稱為唱盤噪音；直接驅動式的唱盤沒有皮帶，但是馬達震動和不常態的速度仍然不能避免唱盤噪音的減少。

RUN DOWN

1.）音樂家在正式開始錄音之前，會試奏一回，可以讓錄音工程師設定錄音電平及檢查錄音品質。

2.）典禮、演唱會或服裝秀彩排的進行順序，也叫RUN DOWN。

3.）RUN DOWN也被廣泛用做節目順序表。

SABIN 沙賓

沙賓是聲音被吸收的單位，等於一平方英呎完全吸音的量，因為沒有所謂的完全吸音物質，所以各種吸音物質的量就用完全吸音量的百分比來表示，吸音係數為0.5，則表示其吸音能力為完全吸音能力的50％。

吸音係數常用來計算室內殘響時間，不同的頻率使用吸音的材質不同，沙賓之名是取用哈佛大學物理教授華勒斯沙賓先生之姓 Wallace Clement Sabine，因為是他最早於1900年初期首先發表有關建築聲學的文章，他定義了殘響時間，並研究測量與預測的方法，他是第一個應用科學原則去設計交響樂演奏廳的大師，全世界公認他設計的波士頓交響樂演奏廳是最佳的交響樂演奏廳。

SACD® = SUPER AUDIO CD®

也稱作DSD®或Direct Stream Digital®，是Sony及Philips為下一世代CD標準所共同設計的商品，Sony及Philips一起提出他們解決的方法，包含一個一位元、64倍超取樣率、direct-stream的數位 SACD格式；原始SACD提案包含兩層：中間為高密度DSD層，底部為標準密度CD層，此二層由DVD同一面讀取，CD雷射頭經過半透明的HD層讀取底層資料，中間層由HD雷射頭讀取，輸出高品質、多音軌、無犧牲、高相容性的音樂。HD層有三個音軌：最裡層是兩聲道立體聲，中間層是六聲道混

SACD線

音，最外層是額外的資料，例如：文字敘述、靜態影像及錄影帶介紹等。最長播放時間74分鐘，這個規格將使SACD售價昂貴，因此第一個SACD發行版本只有單層。

SAFE
多軌錄音用語，是多軌錄音機某一音軌進行錄音的狀態，音軌處於SAFE狀態時，將無法錄音。

SAFETY COPY
複製錄音帶的目的是為了防止遺失或損壞。

SAMPLE 取樣
利用A/D轉換器立即於每秒鐘內對訊號的振幅做多次測量的處理方式（CD為每秒測量44,100次）。

SAMPLER 取樣機
取樣機的音色是可以由使用者自行錄製。各音源機沒有提供的某些特殊音色，可以用取樣機錄下所要的音色，透過MIDI來演奏。DJ混音機也有取樣功能，可以存在混音機內，隨時叫出來RE-MIX重新混音。

SAMPLE RATE 取樣率
A/D轉換器每秒鐘內對訊號振幅取樣的次數叫取樣率。

SAMPLING　取樣

數位音響系統，音響訊號一定要經由類比數位轉換器將類比訊號轉換成一系列的數字，以方便爾後系統的處理；取樣的第一部：訊號的瞬間振幅是由非常些微的時間差來決定，取樣的工作必須非常的準確，以防止將失真加入被數位化的訊號裡。取樣率是每秒取樣的數目，一定要平均及完全被控制。

取樣率的選擇，以前因為錄音技術的問題，專業採取48KHz，消費者產品如CD採取44.1KHz，現在消費用DVD取樣頻率是96KHz。

SAMPLING FREQUENCY　取樣頻率

取樣頻率是類比音響訊號在類比數位轉換之時，每秒被取樣幾次稱為取樣頻率，會將每一次取樣之值儲存為資料文字，只要處於數位領域，其資料會保持原取樣頻率，直到最後的類比數位轉換。

SATURATION　飽和

錄音帶已經完全受磁之點，已飽和無法再接受更多的磁化。

SAWTOOTH WAVEFFORM

一種波形，週期由0跳至峰值，然後逐漸減少至0。

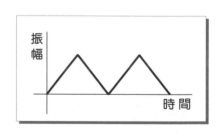

SCENE　場景

數位錄音機與數位混音機，可以將各音軌與各聲道的推桿狀態、左右相位、效果器等參數儲存為一個場景SCENE，可供日後迅速地回復這些參數使用。

通常可以同時記憶多個場景SCENE，將各種不同的混音狀況儲存起來。對於多軌錄音方面，其好處就是可以在同一首歌曲中嘗試各種不同的混音方式，並且可以迅速地切換比較；在現場PA方面，更可以將應用場合中的混音設定記憶下來，下次再回到同樣的場地時，就不需要再重新調整，直接就把儲存的場景SCENE叫出來使用。

SCENE MEMORY 場景記憶

記憶的位置用來儲存一個混音狀況的場景。場景記憶是一個記憶位置用來儲存一個混音機某一狀況的所有數位參數；未被記憶的部分大多是監聽控制、類比控制及開關。

SCMS =
SERIAL COPY MANAGEMENT SYSTEM

一種複製保護系統，用在消費者數位音響器材上，例如：CDR，CDRW，DVDR等，專業CD燒錄機則具有旁通SCMS複製保護的裝置，可以D to D原音燒錄。

SCRATCH

1.）暫時的意思。

2.）Scratch Vocal是隨意唱的歌聲，為了幫助音樂家完成錄音。

3.）DJ利用LP唱盤或CD唱盤快速的前進後退，產生刮音節奏的行為。（如下圖）

SCSI =
SMALL COMPUTER SYSTEMS INTERFACE

是小型電腦系統介面的縮寫，一般通稱SCSI（發音為SKUZZY），是一種數位資料高速傳輸的標準，通常用於硬碟、掃描器、CD-ROM及類似週邊設備和電腦連接使用的一種介面系統，每一個SCSI設備擁有自己的ID號碼，不能共用。系統內最後一台SCSI設備必須關閉連接功能。

SDDS® =
SONY DYNAMIC DIGITAL SOUND

Sony研發的數位電影原聲道系統格式。聲音訊號以光學的方式印在膠捲兩側的穿孔四周，Sony最近研究出一個單攝影機系統，可以同時印下所有三種數位格式（Dolby Digital, DTS & SDDS）。

SDIF = SONY DIGITAL INTERFACE FORMAT

Sony專業數位音響介面使用兩個BNC接頭，一為每個音樂聲道。一為同步 word 訊號，所有連接採用非平衡式75歐姆同軸線，長度相同（為了要保持同步），不適合長距離使用。

SECAM 法國制彩色電視傳送標準

是法國制定的彩色電視傳送標準，除了法國還使用在匈牙利、阿爾及利亞及前蘇聯等國家。

SENSITIVITY 靈敏度

1.) 音響電機學：標準的方法來分級音響設備：麥克風、耳機及喇叭，是提供標準輸入值，再測量並紀錄輸出結果。

2.) 音響電子學：產生標準輸出電平的最小輸入訊號。

■HEADPHONE SENSITIVITY　耳機靈敏度

當耳機有一毫瓦功率的負載,在耳機所測得音壓電平為耳機靈敏度。

■LOUDSPEAKER SENSITIVITY　喇叭靈敏度

距離喇叭一公尺,喇叭有一瓦功率的負載,所測得音壓電平SPL為喇叭靈敏度。

喇叭

■MICROPHONE SENSITIVITY　麥克風靈敏度

用麥克風收音量等於94dB SPL（one pascal）的1kHz音源,然後以mV/PA（millivolts per pascal）為單位測量輸出電平,即為麥克風靈敏度。

麥克風

■POWER AMPLIFIER SENSITIVITY　功率擴大機靈敏度

在規定的阻抗（通常為4或8歐姆）,產生一瓦功率輸出的輸入電平,叫功率擴大機靈敏度。

擴大機

■RADIO RECEIVER SENSITIVITY　收音機靈敏度

收音機產生一個特定訊噪比,所需要的輸入電平。

收音機

SEQUENCE　順序

1.）音樂節目演出的順序。
2.）用程式命令電腦自動依次序播放音樂節目。

S

SEQUENCER 編曲機

一種MIDI資料的記錄器，可以即時錄下MIDI資料，也能即時播放MIDI資料，演奏電子鍵盤樂器，經過MIDI傳輸，將演奏的MIDI資料記錄在編曲機中。編曲機記錄的不是聲音，是MIDI資料。編曲機將MIDI資料播放出來時，也要輸出到具有MIDI音源機的樂器，才能聽到當時的演奏，只有一台編曲機是無法播放出聲音的。除了基本的錄放MIDI資料之外，編曲機還可以編輯、混合MIDI資料，編曲機就像是MIDI資料的文字處理器。

SEQUENCER大致可分為兩類：

軟體編曲機： 在電腦上執行的編曲機軟體，目前最常使用的編曲機軟體為CAKEWALK、Nuendo、Cubase、COOL EDIT、STORY、SOUND FORGE、WAVELAB等。

硬體編曲機： 分為兩種型態：單一機器專做編曲機用途及內建在鍵盤樂器的編曲機，分述如下：

1.) 單一機器專做編曲機用途。

專做為編曲機用途的器材，本身不具備音源，也不具備MIDI控制介面，就只是對外接的MIDI器材進行MIDI資料的記錄與播放，以及MIDI資料的編輯處理。

2.) 內建在鍵盤樂器的編曲機。

內建在鍵盤樂器中的編曲機，不需要再外接電腦或編曲機，就可以在該鍵盤樂器上進行MIDI音樂的錄製、編輯與播放。

利用編曲機進行MIDI音樂製作的優點，就是有最大的音樂編輯空間，可以任意改變速度卻不更動音準，或任意修改調性而不影響速度，甚至可以只針對某一個彈錯的音加以修正，不需要重新錄音！這是盤式帶錄音機之類的類比錄音器材難以做到的。除此之外，也可以將MIDI資料中任意的區塊加以複製、搬移、刪除，就好像Word軟體處理一個文字檔案一樣。每個音軌上被指定的音色，也可以隨時變更，例如：第一軌本來是鋼琴演奏，可以將它的音色更換成風琴。這些優點，讓編曲機與MIDI器材成為現今在音樂製作上十分重要的角色。

桌上型（QY700）編曲機

掌上型（QY70）編曲機

S

SERIES 串聯

串聯相接則每個元件經過的電流都相同。

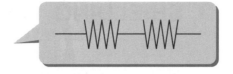

SERVO-CONTROLLED 伺服控制

馬達用語，利用控制電路控制實際馬達速度，必須比較參考值，例如時間脈衝訊號等。

SET UP 設定、裝台

為錄音或表演的最佳效果，為人聲擺設麥克風、為樂器調音及配合錄音或混音機相關設備的動作。

SHELVING 曲柄型響應

一種影響切斷頻率BREAK FREQUENCY以上或以下的等化響應，也就是高通或低通的響應。曲柄型等化器最常用在家用HIFI音響的高音、低音音色調整鈕或中低價位的混音機，所採用的頻率，在低頻可能在50～100Hz之間，高頻在5000～10000Hz之間，曲柄型名稱的由來是因為使用曲柄型等化器時，其等化曲線因應使用情形改變的樣子很像Shelf，Shelf的意思有書架、崖路、暗礁等，在專業音響用語則因其圖形像梳頭柄，解釋為曲柄型，其改變等化曲線的情形是由指定頻率之前從0dB增益或衰減電平

直到指定頻率之後不再改變，而指定頻率以上或以下頻率的增益或衰減都保持在相同的電平，簡單的說：增益80Hz曲柄型等化器5dB的意思是80Hz～20Hz音量全部增益5dB，增益12kHz曲柄型等化器5dB的意思是12kHz～20kHz音量全部增益5dB，調整時要小心。另外一種參數型等化器或濾波器的處理方式，則是PEAK峰值型。

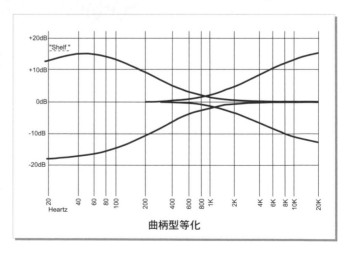

曲柄型等化

SHIELD, SHIELDING 屏蔽

屏蔽就好像一件外衣，用來使內部免於磁場、電場或兩者的干擾，某些音響線路元件，例如：變壓器及錄音磁頭等，對磁場的感應特別靈敏，磁場強度的變化將感應訊號線產生電流，家居生活中最容易被找到的磁場就是60Hz的電源線，它們是所有音響系統60Hz哼聲的禍首，某些零件，例如：電源變壓器，用薄鐵片或其他不會被被高磁力滲透的金屬包著它們，就可以有效的減低干擾程度，這是屏蔽的一種。

音響線路元件也很容易被電場及磁場干擾，良導體可以當作電場屏蔽，例如：音響器材連接的訊號線，這些線都是銅線，並不能減少磁場的干擾，要減少磁場的干擾必須要用鐵，可是鐵的金屬特性不適合做訊號導線，因此我們得用平衡式接線及差動式輸入放大器的電路設計來減低磁場的干擾。

SHOCK MOUNT 避震架

麥克風配件，可以減少從麥克風架傳來的震動。

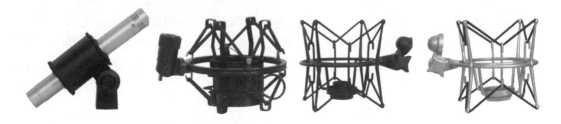

SHORT CIRCUIT 短路

電路板上不該接通的兩點被直接接通，稱為短路。可讓電流通過的低電阻通路，通常用來形容某某電流通路存在錯誤狀況。

SHOT GUN 長槍式麥克風

長槍式麥克風SHOT GUN為超心形指向性SUPER
CARDIOID麥克風之一種（見右圖），最重要的特
性就是靈敏度及指向性，假設要取得相同音壓的
聲音輸入，如果距離變長則靈敏度就得增加，但
是靈敏度增加後，可能噪訊比變小，環境噪音變
大，萬一間接音大於直接音？這個收音任務就失
敗了！因此我們要利用更窄的指向性吸收較少面
積的環境噪音來完成較遠距離的收音任務。

長槍式麥克風就有這種高靈敏度及超窄指向性的
特殊設計，它是長管形狀，可以不拾取側面傳來
的聲音，只專注在一個方向，適合用在開放空
間，它的特性不適合在小的密閉空間使用。

Superlux Shotgun
PRA118 L/S

SIBILANCE

7kHz左右的高頻率，人聲發出S、SH或CH音所產生的能量，或因為麥克風運用技術不
夠及過分使用等化器所致，影響人聲錄音，是不悅耳的聲音。

SIDE CHAIN 週邊設備功能

週邊設備功能是訊號處理器裡的電路，擁有第二條與主要訊號路徑平行的訊號路徑，
該訊號路徑內音響訊號的參數狀況，會驅使處理器開始工作，最典型的週邊設備是利
用電壓控制擴大器VCA的增益，訊號處理器裡的電路可以偵測電平頻率或兩者，具有
此功能的設備通常叫動態處理器。

週邊設備是很有用的外部控制設備，壓縮器最常使用週邊設備去驅動控制訊號，啟動
週邊設備後，就會將原來輸入的音響訊號切斷，將它經由週邊設備輸出，送往外接
效果處理器處理後，週邊設備倒送會接到外接效果處理器送過來訊號，並被它控制；
外接週邊設備的工作電平一定要為高電平（－20～＋10dBu）及一定要設定為UNITY
GAIN（即不得增益或衰減原始訊號強度，輸出電平＝輸入電平）。

SIGNAL 訊號

SIGNAL CHAIN 訊號鏈
訊號從音響設備輸入進入音響系統再由音響系統輸出的路徑。

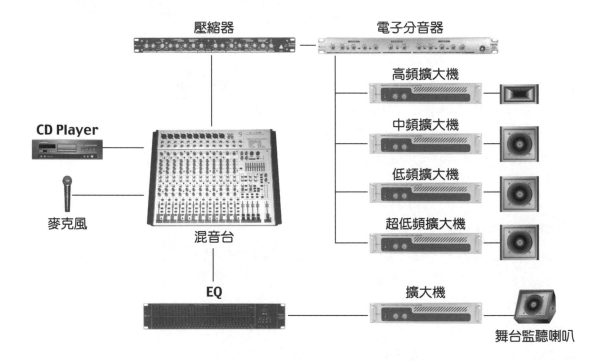

SIGNAL FLOW 訊號路徑
指的是訊號從某一點傳輸到另一點的路徑。

SIGNAL PROCESSOR 訊號處理器

利用等化器、限幅器、壓縮器及其他設備改變樂器或其他音響來源的聲音，以完成錄音母帶的製作。

ARX AFTERBURNER II

SIGNAL-TO-ERROR RATIO

轉換類比音響訊號至數位音響訊號，然後再轉回類比音響訊號所造成的噪音及失真和音響訊號的電平差。

SIGNAL-TO-NOISE RATIO　S／N 訊噪比

線路中某一參考點的訊號功率和噪音功率存在的比例叫訊噪比，單位為dB，此處之噪音功率係指沒有訊號存在的時候，機器本身的噪音功率，如果錄音機訊噪比為50dB，則表示錄音機輸出訊號電平比噪音訊號電平高50dB。

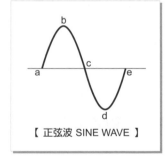

【 正弦波 SINE WAVE 】

SINE WAVE　正弦波

無諧波，純正音色，單頻率的波形。（如右圖）

SINGLE ENDED NOISE REDUCTION

不需要事先編碼，就能消除或衰減音響訊號中噪音部分的設備，例如：Dolby或dbx。

SKIN EFFECT　集膚效應

線材用語，集膚效應是在交流配電時發生於導線上的一個現象，導線內的電流會集中到線路的表面，而不是均勻分佈於導線內，就導線的橫切面來看，導線的核心部位將不會運載電流，沒有電流流過，而只在導線周緣部分會有電流流通，簡單而言，電流集中在導線的外膚部位傳導、流動，所以稱為集膚效應。電流乃是因為自由電子受電場影響造成自由電子漂移而產生，當電流為直流或為低頻交流時，整個導體的自由電子均產生漂移，若為高頻交流電流，僅導體表面的電子產生漂移，這就稱為高頻電流的集膚效應。所以，一個表面氧化的導體仍可以正常的傳輸直流或低頻交流信號，但對於高頻信號而言卻是不良導體。無線電波靠天線輸出與輸入，天線是無線電系統中最容易氧化的部份，為確保無線信號收發良好，天線的防鏽處理絕對不可以馬虎。

SLAP ECHO掌擊回音，也稱為 SLAPBACK

建築聲學用語，從平行的兩個不會吸音（就會反射）的牆面產生單一的迴音稱為掌擊回音Slapback，內含大量的中高音頻率，我們可以在平行的兩個不會吸音的表面（例如：側牆之間、天花板與地板之間）雙手擊掌後，聆聽回音在中音頻率部分產生的效果，這也是Slapback掌擊回音因此命名的原因， Slapback掌擊回音會摧毀音像訊號裡重要的相位關係，因此，不解決Slapback掌擊回音，將難以形成正確的立體音場。

SLAVE　副控機

兩台以上的器材進行同步運作時，會以其中一台為主控機（MASTER），來帶動其他器材的同步動作，而這些被帶動的器材，就稱為副控機（SLAVE）。

SLEW RATE

1.）擴大機用語，定義為擴大機輸出、輸入電壓比之最大改變值，SLEW RATE是擴大機反應輸入訊號能力的測量值，提供階梯式大振幅給受測擴大機（訊號從0伏特開始立即跳到很大的電壓，在示波器裡產生一種階梯式的形狀）並測量輸出波形斜率，完美的階梯式輸入（也就是說上升時間至少比受測擴大機快100倍），其輸出曲線不會呈現垂直，將展現一個明顯的斜率，斜率是因為擴大機有足以讓其內部電容器進行充電、放電動作少量的電流。

2.）數學用語，SLEW RATE定義為輸出電壓隨時間改變所演算出的最大值，或電壓對比時間的改變值。

SMF = STANDARD MIDI FILE 標準MIDI檔案

SMPTE

1.) 為電影工業發展的時間碼，但是現在密集用在音
樂及錄音工作，SMPTE即時碼是和小時、分鐘、
秒及電影或錄影帶影像分格有關。

2.) 這是一種時序碼的格式，以小時、分鐘、秒、分
格的型態，表示絕對時間。這種時序碼可以記錄
到音軌或影像中，讓聲音訊號、影像訊號或MIDI
記錄器材之間進行同步。

3.) SMPTE=SOCIETY of MOTION PICTURE and
TELEVISION ENGINEERS電影及電視工程師協會，
是一個專業組織。

SMT =
SURFACE MOUNTING TECHNOLOGY 表面封裝

附著及連接電子零件的技術，整個零件本身射到安裝表面前方，貫孔設備會在電路板
上發現預先印好的貫孔位置，利用SMT技術所有零件坐在印刷電路板上，銲接在導電
墊上，至於貫孔零件，其接腳會穿過電路板，由電路板後面銲接。SMT技術能降低成
本，並允許更大的零件密度，使零組件縮小。

SNAKE =
MULTICABLE OR MIKESNAKE 多蕊麥克風訊號線

因為這些線看來很像一條蛇。

SNAPSHOT

使用數位混音機做混音工作時,可以把某一段混音機的各種設定,包括聲道音量、等化、壓縮、音場定位…等等,全部儲存下來,日後想要再使用相同設定時,就可以把所儲存的設定叫出來。這種混音機狀態的記憶,就叫做SNAPSHOT。

S/N or SNR = SIGNAL TO NOISE RATIO 訊噪比

音響設備本身噪音的測量值,利用訊號電平和噪音電平的比值來表示,單位為dB,然而訊號參考電平一定要標示(通常為額定工作電平,專業音響為+4dBu或最大輸出電平,大約為+20dBu左右),是否在特定的頻寬使用RMS式電壓計或使用加權濾波器測量等,所有這些事情都必須在S/N規格內註明才有意義。如果只說設備的訊噪比SNR為90dB不講訊號參考電平為何,測量頻寬及是否使用加權濾波器,是無意義的。一個系統的最大訊噪比就是他的動態範圍。

SNARE 小鼓

中型鼓,坐落在鼓手正前方,鼓下方還有響弦可以改變音色。

響弦

SOFT KNEE

壓縮器用語,音樂音量超過觸發電平時,其壓縮比例會做漸進式的改變,使我們可以在不知不覺中達到壓縮的效果,本專有名詞為dbx公司OVER EASY專利使用語。

SOLDER 銲錫

金屬混合物，質軟，用熱溶解後，可以將兩個金屬表面連接一起，音響工程中通常是錫與鉛的混合物，用來將電線永久銲在接頭上。

SOLDERING 銲接

用銲錫銲接的動作。

SOLID STATE

利用電阻及半導體取代真空管的電子設備。

SOLO

1.）多軌混音時，按下某聲道的SOLO功能鍵，就可以經由耳機或監聽出MONITOR OUT監聽該聲道的聲道，該聲道以外的聲道將全部靜音，但不會影響整體音樂工作。

2.）演奏或演唱音樂當中，只有一個樂器單獨演奏（或歌手獨唱）時，叫做SOLO。

3.）演奏音樂時，其他樂器會特意壓低音量、以反覆進行的合弦伴奏，讓主奏樂器演奏一段旋律或盡情的即興演出，SOLO的人可以不只一人。

4.）合成器、音源機之類的器材，將某些音色指定為SOLO之後，該音色將只發出單音，無法發出和弦音。

SOUND ABSORPTION = ACOUSTIC ABSORPTION

（如右圖）

AURALEX　防火吸音棉

SOUND BLANKET

厚毯可以放在地上或掛起來防止聲音的反射。

SOUND-LEVEL METER 音壓表

測量音壓的儀器,附有壓力麥克風、放大器RMS偵測器、對數放大器及電表等,使用電池方便攜帶,至少包含一種加權濾波器使得測量結果較接近人耳實際的靈敏度。

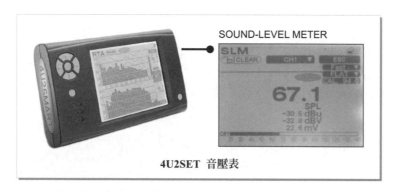

4U2SET 音壓表

SOUND ON SOUND

歐洲高科技音樂錄音第一名雜誌。

SOUND PRESSURE 音壓

利用空氣傳輸的聲波引起空氣中某方向的氣壓改變,這種氣壓的改變值代表聲波的強度,也被我們稱為音壓。

SOUND PRESSURE LEVEL = SPL 音壓電平

利用壓力式麥克風測量,以dB為單位,參考壓力為20毫帕斯卡時(PASCAL=壓強單位)=0.0002 microbar 稱之為音壓電平,音壓電平之參考電平為0dB,0dB是人耳能聽到1KHz的最低音量。

SOUND TRACK 電影原聲道

音樂錄音，特別指電影及錄影帶的配樂或插曲。

S

SPACED CARDIOID

遠距麥克風收音技術，兩隻心型單指向麥克風距離15公分，兩者互呈直角指向音源。

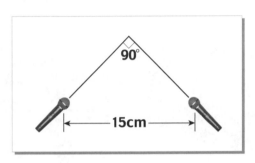

SPACED OMNI

將兩隻無指向麥克風以距離1.2米至2.4米擺設，一隻麥克風收左邊的聲音，另一隻麥克風收右邊的聲音。

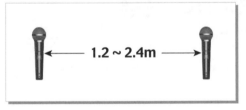

SPDIF = SONY PHILLIPS DIGITAL INTERFACE

輸送及接收數位音響訊號的標準，使用RCA 接頭。

SPECTRUM ANALYZER 頻譜分析儀

一種電子測量設備，用來顯示一個連續訊號的震幅/頻率，分析並顯示聲音中各頻率成份的器材。讓我們知道各頻帶的音量，得據以修正各頻率的音量。

IEEE官方組織的定義為：

1.）一種電子測量設備以頻率的功能，來顯示輸入訊號的功率分布情形。

2.）一種電子測量設備，從不同頻帶去測量一個複雜的訊號功率，頻帶可為常數絕對頻寬（FFT分析儀），或常數比率頻寬（RTA分析儀）。

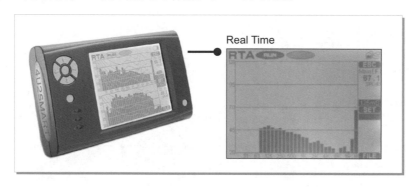

SPEED OF SOUND 音速

攝氏20度，風速每秒344公呎。

SPILL

來自其他音源的音響干擾。

SPL = SOUND PRESSURE LEVEL

SPLIT KEYBOARD

MIDI鍵盤樂器的一種設定，鍵盤的左右被分為一半，各有不同的音色，可以兩手同時彈出兩個樂器的聲音。

SPLITTER 分配器

音響設備，可以將輸入訊號變成兩個或多個輸出訊號，通常為一個輸入分成6-16（或更多）個輸出，每一個訊號都有音量開關，通常是非平衡的。

SPRING REVERB

利用彈簧模擬殘響的設備（改變震動能量為聲音訊號）。

SQUARE WAVE 方波

對稱的四方形波形，方波含有一系列的奇數諧波音。（如右圖）

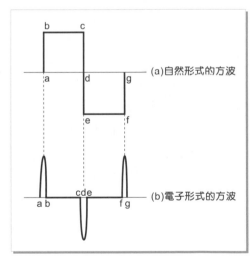

(a)自然形式的方波

(b)電子形式的方波

STAGE BOX 舞台連接盒

表演舞台距離音控系統很遠，通常會用多蕊訊號線將訊號通路接至舞台地區，方便舞台上的麥克風線或高電平輸出入訊號線連接，使所有的訊號都能被混音控制台控制，該連接麥克風線和多蕊訊號線的盒子就稱為舞台連接盒。

STAGE MONITOR 舞台監聽喇叭

舞台上的喇叭，讓表演者監聽自己及其他音樂家在舞台上的演奏。

SUPERLUX SF12

STANDARD OPERATING LEVEL 標準工作電平

正常操作下不得超過的最大平均電平。

STANDING WAVE 駐波

室內兩個有距離的反射面之間，因為反射，使訊號源產生訊號頻率 1/2 波長倍數的反射音。

駐波是如何形成的?

駐波的形成有幾種方式，最簡單的方式，一個低頻率聲波會在房間內面對面的兩面牆之間產生共鳴，利用建設性交替干涉的方法（每一次反射會加到前一次反射上）使得該頻率的震幅加大。

這種型式的駐波叫做主軸模式，並會發生在波長為兩倍反射面距離的頻率，因此房間內最低的駐波，其波長等於該房子最大尺寸的兩倍。主軸駐波可以在長方形房間的每一個尺寸發生（長、寬、高）並可以利用下列方程式計算：

$$f_0 = \frac{v}{2d}$$

f_0 = 駐波的基本頻率

v = 聲音的速度，每秒1130英呎

d = 房間尺寸（長、寬或高）

主軸模式產生的主軸駐波頻率，其泛音也會形成其他的駐波，例如：一個長寬高為10×8×4英呎的房間，其駐波如下：

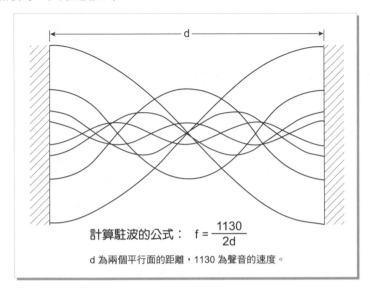

計算駐波的公式： $f = \dfrac{1130}{2d}$

d 為兩個平行面的距離，1130 為聲音的速度。

因此如果房間的長寬高各為 10、8、4英呎，室內將形成下列的駐波頻率 ：

駐波頻率			1st	2nd	3rd	4th
$f_{(L)} = \dfrac{v}{2(d)} = \dfrac{1130}{2(10)}$			56	112	168	224
$f_{(W)} = \dfrac{v}{2(d)} = \dfrac{1130}{2(8)}$			40	140	210	280
$f_{(H)} = \dfrac{v}{2(d)} = \dfrac{1130}{2(4)}$			140	280	420	560

以上這些駐波的作用將會使房間的聲音在這些特定的頻率上變大聲或加強，使得房間的聲音變得不平衡或被渲染。

其他型式著名的駐波尚有 Tangential 及 Obligue 模式等，數以百計，都有複雜的數學計算程式，幸運的是，當錄音室有了人，器材樂器及懸掛板之後，這些其他型式的駐波都因為被它們擋住而消失了！因此它們對於錄音室的影響不大，也不必仔細研究。

STEP TIME

MIDI用語，以非即時的方式更改SEQUENCER編曲機程式的系統。

S

STEREOMICKING 立體錄音

依各家設計的方法，放置兩支或兩支以上的麥克風進行錄音，使它們的輸出獲得一個立體的音像。

SUPERLUX 大震膜電容式麥克風

SUPERLUX 背駐極電容式麥克風

STEREO RETURN 立體倒送

立體倒送可將訊號送往立體混音輸出或配對的群組輸出，適合用來混合外接迴音器、效果器、鍵盤或其他副混音器輸出，如果不用，音量鈕要完全關掉。有些廠牌的立體倒送甚至還附有HF和LF EQ調整。

STICKY SHED SYNDROME 脫落黏著症狀

某些牌子的類比錄音帶，經過一段長時間儲存之後，會產生的問題。造成氧化物脫落，錄音帶播音時，磁粉會黏著錄放音磁頭及導輪，解決辦法是用50°C的溫度烤錄音帶幾個小時即可。

STRIPE

多軌錄音機單軌的錄音時碼。

STYLUS 唱針

唱盤唱臂前端唱頭上的唱針，會直接與唱片接觸。

SUB BASS 超低音

低於典型監聽喇叭所能表現的頻率範圍，有人則定義超低音是只可感覺到的頻率。

SUB MIXER 副控混音台

現代音響系統可以容納更多的聲音來源，尤其使用MIDI樂器，提供了更多聲軌輸出，音源數目增加相對地也需要更多輸入聲道的混音器，但是大型混音器在價格，儲放空間和使用複雜性來説，對某些人形成問題，所以加第二台小混音器把其混音輸出貫給主要的第一台混音器的做法會比較實際，這種安排叫做一副控混音。

SUBTRACTIVE SYNTHESIS

利用濾波器複雜化諧波波形來創造新的聲音的程序。

SUM

訊號是由兩個立體聲道訊號的混合，等電平，同相。

SUSTAIN 延長音

1.）利用器材使得聲音維持同一音準，一段時間。

2.）一直按著合成器鍵盤，會連續發出聲音。

3.）演奏鋼琴時，您踩下延音踏板所造成的延音現象。

4.）ADSR波參數之一，如果一直按著鍵盤某鍵時，決定音量保持一定時間長的參數，只要按鍵一釋放，聲音會依釋放參數指示衰減下來。

5.）樂器用語，表示吉他延長音的能力。

SURGE
主要電壓突然升高。

SWEEP MID EQUALIZER　可變中頻等化控制

可變中頻等化控制和高、低頻等化控制一樣，可增強或衰減，但是它厲害的地方就是可以找出需要處理的特定頻率，同樣地，使用衰減要比增強較實際一些，然而，當第一次調整中頻時，我們將其增強至最大，因此，在選擇頻率時，可以感覺得非常明顯，最好的例子就是在舞台上用麥克風收空心木吉他演奏。

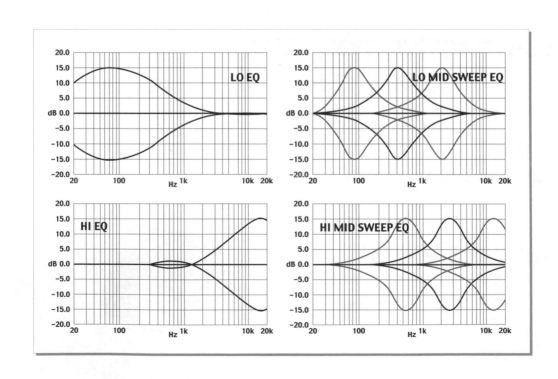

260

SWEET SPOT 最佳位置

麥克風擺設最佳位置或聽音樂、看家庭劇院的最佳視聽位置；雙喇叭立體放音系統，依聆聽者對每隻喇叭等距離之原則，由喇叭和聆聽者形成的三角形，聆聽最佳位置為：喇叭之間的中心點向聆聽者延伸的任一點。

SWITCHABLE PATTERN MICROPHONE
多重指向性麥克風

麥克風可利用切換開關，依工作需要選擇不同的指向特性。

Superlux CM-H8G
有九種指向可以選擇

SWITCHING POWER SUPPLY

電源供應器，利用一種高頻率震盪器代替變壓器，因此可以使用較小、較輕的變壓器，這種電源供應器大多用在電腦、汽車音響及某些音源機設備。

SYNC 同步

讓多台聲音或影像器材的運作能夠一致，而且時間的運轉也相同的動作。

SYNTHESIZER 電子音樂合成樂器

電子音樂合成樂器利用模擬及取樣的方法創造很多聲音,是一種樂器,可以用電子的方式發出多種不同的樂器音色,早期的合成器,是利用電子振盪器產生類比聲波,透過濾波器與振盪器的處理,創造出各種不同的合成音色。隨著合成技術的日新月異,除了合成音色之外,也可創造出極接近傳統樂器的聲音。

合成器可以是音源機,也可以是鍵盤樂器。合成器讓音樂人可以同時運用各種音色,發揮更多的創意,其與MIDI的結合,更造成現代音樂產業的革命。

SYNCHRONIZATION 同步

簡寫為Sync。多台聲音或影像器材的重播能夠一致。

SYSTEM EXCLUSIVE

一種MIDI訊息只得用來在MIDI設備之間傳輸資料。

TABLATURE = TAB 六線譜

吉他手常用的記號，利用數字、符號及圖示來表示琴格位置。

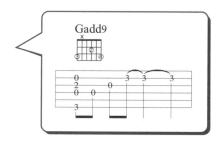

TAKE NOTATION

記錄一首歌每一個錄音段落。

TAKE SHEET 錄音段落紀錄紙

用來記錄每一首歌錄音段落的紀錄紙。

TALK BACK 對講

允許工程師可以利用混音機上的麥克風和錄音室內的音樂家或歌者對話，音樂家或歌者可經由耳機或監聽喇叭聽到工程師的聲音。音控員經由輔助或群組輸出，對演出者說話或送聲音至錄音座。XLR座可接麥克風，增益由 TB LEVEL 鈕控制。

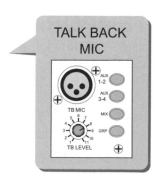

TALK BOX

一種吉他效果器，歌者對著嘴裡的管子説話，允許人聲控制吉他訊號。

TAPE GUIDE 磁帶導輪

任何固定或旋轉設備，指引錄音帶或錄影帶通過磁頭或送入另一個轉盤。

TAPE HISS

錄音帶的嘶聲。

TAP TEMPO 按鍵設定節拍

編曲機SEQUENCER、效果器的延遲節拍需要速度時，只要隨著設定的節拍速度，在TAP TEMPO按鍵上按2次，微處理機就可以自動計算出BPM每分鐘幾拍，並將該速度記憶就可以操作。

TELECONFERENCING 遠距會議

三個或三個以上的人利用傳輸聲音的設備，各在很遠的距離開會，雖然常用電話線但並不只代表是電話會議，比較偏向遠距會議的解釋。

TEMPORAL MASKING 時序遮蓋現象

一種特別的遮蓋現象，利用時間差來分開兩個訊號，共有兩種情況：

1.）Forward Masking後到的訊號會被先到的訊號掩蓋，因為先到的訊號音量大，又延長很久，而且延長後的音量還比後到訊號音量大（延遲時間必須500ms以內，音量必須大於10dB以上）。

2.）Backward Masking相反的現象是：先到的訊號會後被到的訊號掩蓋，因為耳朵需要時間在中央神經系統處理前，先建立一個模擬的音像，如果後到的聲音訊號超過先到訊號非常大聲，後到訊號先後時間相差在約100至200ms之間就有可能發生。

TEMPO 速度

音樂進行的速度，以BPM每分鐘幾拍為單位。

TEST TONE 測試音

一個固定而且電平不變的測試音，當作比對電平的參考值，通常會錄在多軌錄音機或立體錄音裡。

THD＋N ＝
TOTAL HARMONIC DISTORTION PLUS NOISE
總諧波失眞 ＋ 噪音

最普通的音響測量，一個正弦波頻率送給被測試的設備，然後再送回失真測量儀器，設定測量電平，測量儀器利用梳形濾波器選出要測試的頻率，並通過一組頻帶限幅濾波器，將頻寬調整至有興趣的範圍（通常是20Hz～20kHz）；剩下的就是噪音（包含任何AC電源哼聲或干擾聲等）及所有機器產生的諧波。複合式訊號是使用RMS偵測電壓計測量，其結果經常在頻率20Hz至20kHz顯示一種曲線，指定的電平（通常 ＋4dBu）及頻寬（通常20Hz～20kHz，有時為20Hz～80kHz，因此可以測出任何20kHz的早期諧波）。【注意：常見的THD＋N＝ X%是無意義的，為了讓THD+N規格完整，必須說明頻率電平及測量頻寬】 THD+N是最常用的音響測試值，但卻不是衡量設備表現好壞的顯示值，他僅能告訴我們哼聲、噪音及干擾聲，這些資訊最好用訊噪比規格來取得，告訴讀者有關諧波失真是不中肯的，因為諧波不只是和基音有關而已，因此失真產品嘗試將複雜的音響內涵給覆蓋，各種不同的交互調變IM失真測試，是聲音清純的較好顯示器。

THIRD-HARMONIC DISTORTION
第三階諧波失眞

類比磁帶錄音機使用的標準測試方式，用來決定最大輸出電平MAXIMUM OUTPUT LEVEL（MOL），最大輸出電平出現在，錄製1kHz正弦波而達到3%的第三階諧波失真的磁性電平，當然，第三階諧波失真只是輸入頻率第三階諧波音量的測量值而已，是類比磁帶錄音系統最主要的失真因素之一，第三階諧波電平是一個很方便的工具，因為第二階諧波很難聽到，第三階諧波很容易在單純的音色中偵測出來（雖然音樂中存在的比較少），因此常被拿來做比較原版的指標。失真的音色包含一個高於基音的一個八度及五度音，因此第三階諧波也稱為音樂的第12度MUSICAL TWELFTH。

有趣的事發生了，這個測試方式常以THD簡稱，並列在規格表上，卻被世人誤解為TOTAL HARMONIC DISTORTION總諧波失真，其實應為THIRD HARMONIC DISTORTION第三階諧波失真，甚至還被誤解縮減為失真DISTORTION，我們仍可在舊式類比磁帶錄音帶的規格及許多音響參考書中，他們的MOL定義是存在於3%失真之點，正確的說法應是存在於3% 第三階諧波失真之點，要怎麼說呢？

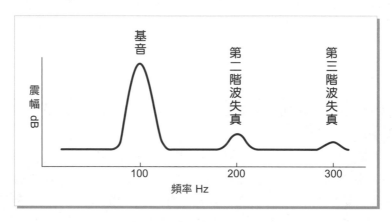

THIRD-OCTAVE 第三個八度

1kHz以上第三個八度是8kHz，因為第一個八度是1 x 2＝2kHz，第二個八度是2 x 2＝4kHz，第三個八度是4 x 2＝8kHz。

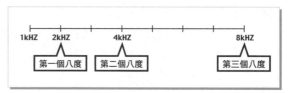

THREE TO ONE RULE
三比一規則

兩隻麥克風的距離，至少為每隻麥克風距離音源的三倍。

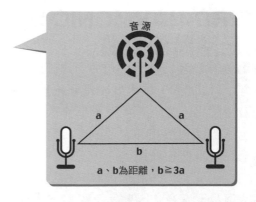

THREE WAY SPEAKER
三音路喇叭

喇叭系統為分離式喇叭，分別產生低音、中音及
高音頻率。

THRESHOLD 觸發電平

態處理器開始改變增益時的輸入電平。

THRESHOLD OF HEARING

最小的音壓，使得人們只有50%的時間可以聽到。

THRESHOLD OF PAIN

最大的音壓，使得人們50%的時間可以感覺到痛苦。

THX
電影院特殊音響系統的註冊商標

電影院特殊音響系統的註冊商標，該系統由路卡斯電影公
司的湯姆豪門Tom Holman設計，其名稱取其英文名稱字
首而得Tom Holman eXperimental。

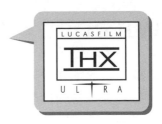

要得到THX戲院認證，戲院內的音響系統設計安裝、戲院
建築聲學、放映機、鏡頭、使用裝潢材質、隔音標準等都
必須符合THX制定的嚴格規範。

THX®

路卡斯電影公司Lucasfilm, Ltd.的專有名詞，代表幾件事：

1.）他們訂定的商業電影院音響播放設計與規格。

2.）他們訂定的家庭電影院音響播放規格。

3.）證明影音播放設備符合他們演出品質的標準。

將所有立體聲二聲道訊號提升為6.1聲道音效
特殊設計的聆聽模式
電影模式：針對立體聲電影節目
音樂模式：針對立體聲音樂節目

THX SURROUND EX

環繞音響格式，在DOLBY DIGITAL的訊號裡，從現存的左右環繞聲道利用矩陣編碼出第三環繞聲道，稱為環繞中央聲道。

TIMBRE

聲音的特質。

TIME CODE = TIMECODE 時間碼

簡單來說時間碼（Time Code）就是代表"當下時間的名稱"，影片是由許多的靜態畫面組成，一般而言1秒有30格，1分鐘有60秒，因此這段三分鐘的影片就包含30*60*3的靜態圖片，每一個靜態圖片都有自己的時間碼，在做剪輯時就以時間碼來分辨每一格的內容。在電影製作裡，Time Code被用來使影像和聲音同步，也能在影像播放時同步帶動音樂。後製的過程中，Time Code廣泛被應用在影像剪輯以及使聲音、畫面、音效與音樂等不同元素產生同步。

NASA（美國太空總署）為了記錄太空任務的黑盒子而發明Time Code，隨後發展出許多系統，1969年由SMPTE協會正式標準化，同年EBU協會也採用，Time Code又稱為SMPTE/EBU。

TIME COMPRESSION 時間壓縮

這是一種數位演算法，用來將一段聲音的長度縮短，也就是聲音的速度變快，但卻不影響音高。這種功能一般是用在更改速度，或在REMIX時與其他聲音的速度相搭配。

TINY TELEPHONE JACK / PLUG = TT小型電話線接頭

1.）SWITCHCRAFT的註冊商標，指的是小型電話接頭（比1/4"TRS耳機插頭還小）。

2.）使用在指定接線盒，其接頭直徑比6.3mm還小，只有4.4mm。

TOC = TABLE OF CONTENTS

TOC是MD DATA光碟儲存自己錄音資料的區域，資料包括：錄了什麼東西，光碟名稱，或歌名等等。

TONE

1.）數種單一頻率訊號之一，錄在錄音帶或錄影帶開始的地方，用做錄音的參考電平。

2.）任何聲音的單一頻率訊號。

TONE ARM 唱臂

安裝在黑膠唱盤底座的唱臂，裝有唱頭及唱針，放唱片時可以橫跨唱片。

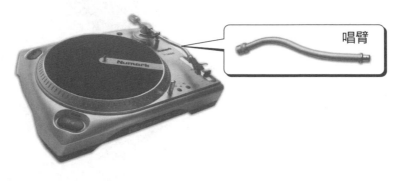

唱臂

TOSLINK 請詳 S/PDIF"

TRACK 音軌

音軌的觀念是從多軌錄音而來,一個音軌,用來儲存的聲音訊號,平行的延著寬錄音帶可以有很多軌。現在它是一個通稱,音軌所儲存的訊號,可以是聲音訊號、MIDI訊號、或者是影像VIDEO訊號。

音響AUDIO世界中,聲道CHANNEL與音軌TRACK是截然不同的,聲道CHANNEL是訊號傳輸的通道,音軌TRACK則是一道所儲存的訊號。MIDI的世界中,頻道CHANNEL與軌TRACK也是不同的東西。一個MIDI軌指的就是一道所儲存的MIDI訊號,而頻道指的是MIDI訊號所用來傳送的通道。

TRACKING

1.) TRACKING是多軌錄音的第一個步驟,把各音軌錄音下來的程序。

2.) MIDI吉他合成器或控制器的MIDI輸出,嘗試追蹤吉他弦的音準叫做TRACKING。

TRANSPARENCY 透明度

形容詞用來描述音響品質,形容高音頻率的細節非常清晰,個別的音色可以很容易分辨出來,分離度亦高。

TRANSDUCER

一種轉換能量的器材,麥克風是最佳的例子,
它將機械能量轉換為電子能量。

SUPERLUX PRO-258

TRANSIENT 突波

突波是一種沒有週期性，不會重複的聲波或電子訊號，音樂有很多突波，例如：打擊樂器、激動的人聲或麥克風掉在地上、忽然對著麥克風吹哨子等，它們的聲波振幅都比正常音量的振幅大，較容易失真。

TRANSPOSE 移調

1.）電子合成樂器上的功能，可以讓琴鍵所彈出來的音馬上自動轉調。例如：當我們指定為G調，彈C鍵就會發出G的聲音。

2.）整個音樂樂譜都變調，有時為了個人音域、管樂或其他樂器轉譜。

TRAP

一種濾波設備，可以吸收音響訊號的某些頻率。（如右圖）

AURALEX BASS TRAP 低音陷阱

TREBLE 高音

聲音訊號的高頻率，常用在消費者產品綜合擴大機、環境擴大機以及專業音響的混音台等。

TREMOLO 顫音

這是一種效果，利用低頻產生器以固定且反覆的型態來變化音量。許多早期的真空管擴大機，會配備有一個內建的顫音效果器。

另外有一個類似的效果叫做VIBRATO抖音，跟顫音不同的地方是，VIBRATO變化的是高音頻率。

TRI-AMP　參擴大機喇叭系統

TRI-AMP 參擴大機喇叭系統：三音路喇叭音箱內裝有高音單體、中音單體及低音單體，分別用三台的功率擴大機驅動，並可以個別調整音量。

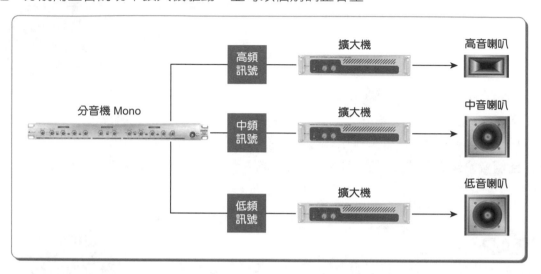

TRIANGLE WAVE　三角波形

對稱的三角波形只含有奇數諧波，其諧波級數比方形波低。

TRIGGER　驅動

1.）訊號或傳送訊號去控制某一事件發生的行為。

2.）一種設備可以傳送訊號去控制某一事件發生。

3.）手槍、來萊福槍的板機叫 TRIGGER。

TRIM　電平控制

混音台用語：為了校正目的，使輸入訊號電平在某一限定或事先設定下的範圍調整，讓所有不同的輸入訊號源，可以在同等的工作電平裡工作。

TROUBL SHOOTING 故障排除

音響設備用語，在故障的設備或系統中找出故障來源，並建議如何排除的行為。

TRS JACK　立體的耳機 PHONE 插頭

立體的耳機PHONE插頭，含有TIP、RING及SLEEVE三個連接點。MONO的耳機PHONE
插頭叫TS JACK，只含有TIP及SLEEVE兩個連接點。

TRUSS ROD

吉他琴頸內有一根預力金屬棒，其抵抗張力的強度可調，用來抵抗弦的張力，以免吉
他琴頸傾斜不正，導致ACTION太高妨礙彈奏。

TUBE　眞空管

VACUUM TUBE的簡稱，英國人則稱之為VALVE，是晶體的被取代者，它比晶體的體積
大，溫度高，效率較低，某些設備仍然需要真空管，例如：X光設備及高功率無線電
或電視發射機。

訊號放大較線性是真空管的優點，真空管的音響器材較晶體更有音樂性，大概是真空
管器材會產生較多偶次諧波失真，而晶體器材產生較多奇次諧波失真的關係，兩者失
真的狀況亦不相同，真空管發生失真是漸進式，失真發生時我們會感覺音色開始變大
聲或變尖銳，不像晶體音響器材是失真一發生就馬上反應削峰，並產生一堆高階諧波
失真。

TUNER 調音器 / 諧調器

1.）樂器調音時，用來分析聲音音準的器材，並且指示出聲音音準是否符合某固定音高，可準確調校樂器的音準。很多樂器或人聲一起演奏或發聲時，一定得有一個參考音準讓大家校正，一起發音時，才能得到和諧的效果。

2.）HIFI音響中可以接收調幅及調頻電台的設備。

TUNING FORK 調音叉

金屬叉有兩根棒子會震動產生一個純正的單一頻率。

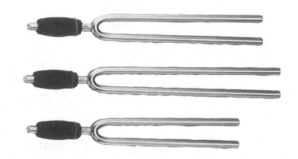

TURNTABLE 黑膠唱盤或 LP 唱盤

2T RETURN 監聽輸入迴路

錄音座或CD輸出的輸入端子，是輸入聲道的一部份。輸出音量經由旋鈕控制，送至立體的主要混音輸出。

TWEETER 高音單體

只發出高頻率聲音的喇叭單體。

TWISTED-PAIR 雙絞線

標準雙導體銅線，每一條導體均包覆絕緣物質，
並互相絞纏一起，通常用在平衡式接線，也可以
有蔽屏線。

TWO WAY SPEAKER 兩音路喇叭

喇叭系統利用高音喇叭單體及中低音喇叭單體發出中、低音頻率及高音頻率。

U | X Files
PROFESSIONAL AUDIO

μ s

1.）希臘字，發音為 " mu " ，是英文字母M的來源。

2.）此符號用來表示百萬分之一。

3.）表示百萬分之一秒。

UKULELE 夏威夷四弦吉他

音樂樂器，四弦小吉他，在夏威夷很流行，現在台灣也很流行。

ULTRASONIC 超音波

是一種頻率，是一種超過人耳可以聽到的聲音頻率，大約高於20,000Hz。

ULTRASONOGRAPHY 超音波診斷

1.）影像診斷，使用超音波將人體內部或胎兒的影像顯示出來。

2.）一種影像技術，利用高頻率聲波可以將水底表面、邊界、障礙物、以及水流成相的技術。

UNBALANCED 非平衡式

UNDO 還原

1.）電腦軟體的指令要還原最後下的指令。

2.）這是一種功能，經過編輯與錄音之後，可以迅速將結果回復到先前的狀態，使用者可以大膽嘗試多次編輯，不用擔心原先的資料會不見，就像文書處理軟體的功能一樣。

UNIDIRECTIONAL MIC 單指向麥克風

單指向麥克風接收麥克風前方的聲音，並會將後方或側面的聲音衰減或根本不接收。

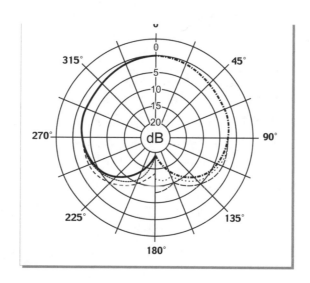

UNISON

不同的表演者，樂器或音源彈奏相同的旋律與節奏。

UNITY GAIN 無增益

增益為1，1=LOG10的零次方，表示無增益，使用音響器材但總訊號不會增益也不會衰減的，就是無增益的器材，大多數的訊號處理器都是無增益，因此它們可以插入音響系統的各點工作而不會增減系統的總增益，無增益的系統能減少訊號噪音及失真。

UPPER MIDRANGE 中高頻範圍

在2kHz至6kHz之間的頻帶。

UPS =
UNINTERRUPTIBLE POWER SUPPLY =
不斷電系統

一種電腦備份電源供應器，當停電時，會繼續自動供電。

USB =
UNIVERSAL SERIAL BUSS

USB是一種高速串聯傳輸的約定，可以允許最多
（理論上）127個熱拔插週邊設備以DAISY-CHAIN形
式連接。USB設備可以熱拔插，不需要重新啟動電
腦，廣為現代PC、Apple iMac及週邊設備（印表機、
隨身碟等）採用。最初由Compaq、Digital、IBM、
Intel、Microsoft、NEC及Northern Telecom聯盟於1995年
三月提出，現在已成為電腦標準連接器，目前已研發
成三個規格：USB1.1（傳輸速度2MB/秒），及USB2.0
（傳輸速度480MB/秒），及USB3.0（傳輸速度5G/秒）
USB3.0的接口是藍色的。

在數位錄音領域中，USB2.0可以一次傳達取樣頻率為
44.1KHz八軌，或96KHz四軌的音樂訊號。

VALVE 真空管

真空管擴大機零件,也稱為TUBE。

VARIABLE-D 美國 EV 公司麥克風的註冊商標

ELECTROVOICE公司的專利發明及商標,麥克風具有多層拾音洞口,各層拾音洞口對高頻率的靈敏度會愈來愈小,當它們距離震膜愈來愈遠,就可減低近接效應。

VCA = VOLTAGE-CONTROLLED AMPLIFIER
電壓控制放大器

利用外部電壓來控制放大器增益的擴大機叫VCA電壓控制放大器,最常用在壓縮器、限幅器及類比魔音琴。

VELOCITY MICROPHONE
壓力梯度式麥克風的別稱

壓力梯度式麥克風的別稱，壓力梯度式麥克風是
雙震膜，一前一後，它的動作是由前後震膜感受
不同的壓力所造成的。

Superlux CM-H8C 雙震膜壓力梯度式麥克風，
具三種指向性，低頻滑落及-10dBPAD的功能。

VIRTUAL TRACKS 虛擬軌

數位錄音的功能之一，可於各音軌重覆做多次錄音，並可將各次錄音保留，當做將來
的取捨或不同版本的製作。利用虛擬軌，可在同一音軌中，再錄下各種不同的獨奏或
編曲版本（可錄幾次依廠牌不同而異），而每一次錄音都可以保留，之後可以剪輯這
些錄音，製作母帶，或是不同版本的混音。

虛擬軌會隨著歌曲檔案儲存，是數位錄音產品的一大特色，每一音軌包含數個虛擬
軌，最上層的虛擬軌就是當下播放的。可以隨時將任一虛擬軌移到最上層，進行錄
音、播放、剪輯，如果製作人無法決定樂器獨奏的版本時，利用虛擬軌就可以錄下不
同的獨奏，存起來留待以後混音時，再叫出各版本，最後選擇最滿意、最適合的錄
音，或者是加以剪輯重新混音，以免臨時補錄，還要花錢、花時間，增加成本。

VIRTUAL TRACKING

1.）MIDI系統有一個MIDI編曲機和多軌錄音機同步操作，控制合成器的演奏錄音。

2.）硬碟多軌錄音機，同一軌的虛擬軌一次只能播放一軌。

VOCAL BOOTH　配唱室

為配唱而設計的配唱室，使得錄音室其他樂
器的聲音不會串音進入人聲麥克風，或為了
減少人聲錄音的環境音及殘響。

VOCODER

訊號處理器具有改變頻譜的濾波器，可將人聲的頻譜特質轉化為音樂樂器，可以做出
樂器講話的效果。

VOICE OVER

1.）影片裡看不到人確有講話聲，或者畫面的人沒在講話卻有旁白，電影或電視廣播
　　發出講話聲，可是看不到人。
2.）電影或DVD事後錄製的旁白，普遍的例子：包括卡通人物、各種紀錄片、電腦、
　　軟體教學片、有聲書、電話自動留言。

VIBRATO

利用低頻產生器造成頻率音準的調變。

VOICE　發聲數

VOICE發聲數是合成樂器同時發聲數量的單位，某些合成器的音色，係由多個發聲數
所合成，例如：由3個基本音色合成，用這個音色彈奏一個音符時，它會同時發出3個
發聲數VOICE，也就是用掉了3個發聲數；彈音符可同時發出16個發聲數VOICE的，稱
為16發聲數的樂器。

VOICE COIL 音圈

喇叭紙盆是由線圈驅動，線圈繞成圓
柱形接在紙盆中心處，線圈被稱為音
圈，音圈身處於由一個永久性磁鐵產
生的強壯磁場內，音圈上面的電流在
磁場中流 而依法拉第定律產生力，
產生的力量從音圈到音盆，使音盆往
內或往外移動而發出聲音。

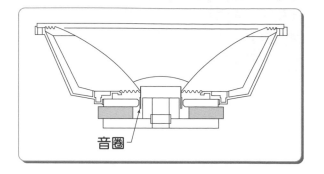

音圈

VOLUME 音量

聲音訊號的大小聲。

VOLUME PEDAL 音量控制踏板

電吉他、風琴、合成樂器的腳踏板，用來
改變樂器的音量。

VU = VOLUME UNIT 音量單位

VU是音量表上訊號電平的測量值，單位為dB，當電壓為0.775伏特RMS在600歐姆附
載的情形下設為0VU。

VU METER VU電表

電表設計用來大約以接近人耳聽覺模式，來解讀
訊號電平的變化，其反應較接近平均值電平。

WAH WAH = WAH 哇哇器

電吉他的的效果，利用濾波器的變化，產生一種哇哇的音效，利用
腳踏板踩的深淺來控制帶通濾波器的改變。

WARMTH 溫暖

一種名詞用來形容音樂的低音及中低音頻率很有深度，高音頻率很平順；真空管音響
設備也可以展現某些壓縮的表情。

WATERMARKING 浮水印

1.) 紙張製造時，加入一種半透明的圖案或文字設計，當紙面向光線時，就看得出來。

2.) 數位音響或錄影帶影像植入的資料碼，可以在之後被發現，卻不會影響產品的品
質；植入的方法有很多種，但都包含非常短的資料碼（百萬分之2～5秒長），其
內容為版權所有者及版稅分配的資料。

WATT 瓦特

瓦特是功率的公制單位，定義為每秒一焦耳，焦耳是能量單位，因此功率是能量轉換的比例，或工作的比例，電子電路來說，有三種計算功率的方式：

1.）電流量平方乘以阻抗。

2.）電壓平方除以阻抗。

3.）電壓乘以電流。

瓦特是依發明者 James Watt 而來。

WAV

聲音檔案格式由 Microsoft 及 IBM 合作發展，內建於 Windows 平台，是 PC 聲音的標準。

WAV 聲音檔案的副檔名為 .wav。

WAVEFORM 波形

音波或聲波隨時間改變的圖形變化。

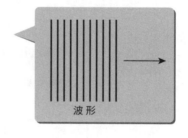

波形

WAVELENGTH 波長

波形成一個週期的長度。

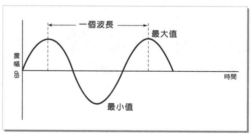

WAVE VELOCITY 波速

WET 處理過的聲音

經過聲音處理器處理過的聲音。

WIDE CARDIOID 廣心形單指向麥克風

廣心形單指向麥克風的指向性在全指向與心形單指向之間,所以稱為廣心形單指向。設計這種麥克風的基本概念,是要結合全指向性與心形單指向性的優點,結果是低音頻率響應比心形單指向好,近接效應比較不明顯,極座標圖顯示指向性方面,只有少部分會依頻率而改變,這個現象和全指向性麥克風剛好相反,全指向性麥克風的指向性會隨著頻率愈高而愈窄,至於心形單指向性會嘗試強調,不嚴格要求偏軸角度的高頻率定位感,所以從中心軸而來的直接音及從偏中心軸來的殘響或其他聲音,都會精準的再生出來,這個不將偏軸收音色渲染的特性就產生了"溫暖"及自然的音源。用做定點麥克風時,其距離,一定要比一般心形單指向麥克風要求的短,因為它的指向性比較低,其偏軸平均的頻率響應,會幫助混和週遭其他樂器的收音,使得混音可做沒有縫隙的感覺。廣心形單指向麥克風好處良多,在室內建築聲學環境不佳的房間,如果使用全指向性麥克風,低頻段可能會太強,這時候用廣心形單指向麥克風就有特別的平衡效果。

MK 21g   CCM 21 Ug   CCM 21 Lg

Wi-Fi = Wireless Fidelity

Wi-Fi是Wireless Fidelity聯盟的簡稱,1999年成立的非營利國際組織,主要工作是做無線區域網路產品在IEEE 802.11規格下的互通性證明;Wi-Fi證明的結果可以讓802.11-based無線設備確保它符合Wi-Fi標準,並和市場上所有其他工廠的產品相容。

WINDSCREEN 防風罩

移動麥克風或在風中使用麥克風時,減少或消除風噪音的設備。

WIRING CLASSES 線材等級

U.S. National Electrical Code（NEC）美國國家電子法規依其火災與觸電安全防護的法令，定義出三種等級的繞線方式：

1.）存在火災與觸電安全防護的需要，也就是説：導線可以傳導足夠的電流而產生火災，導線可以傳導足夠的電壓而產生觸電，最常用的例子就是：連接電子設備的 AC 電源線。

2.）不存在火災與觸電安全防護的需要，也就是説：導線不會傳導足夠的電流而產生火災，也不會傳導足夠的電壓而產生觸電，最常用的例子就是：所有連接電子設備的訊號線和大部分連接擴大機的喇叭線。

3.）不存在火災的需要，但是有觸電的危險，也就是説：導線不會傳導足夠的電流而產生火災，但是會傳導足夠的電壓而產生觸電，需要使用接觸防護的接頭，以免誤觸被電，用在輸出非常高的功率擴大機。

WOOFER
低音喇叭單體

低音喇叭單體都很大，直徑大約 12 英吋、15 英吋或 18 英吋，美國 EV 公司曾經生產過 40 英吋的低音喇叭單體，都是應用在多音路喇叭系統中，如果它們能發出 30 或 40 Hz 的低頻，就稱之為超低音（SUB-WOOFER）。

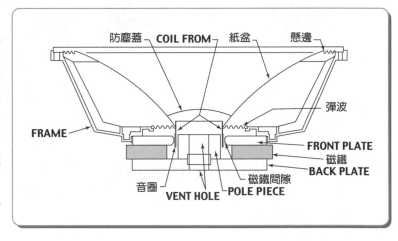

WORD

音響訊號的一個取樣。

WORD CLOCK

數位音響取樣的時間有嚴格的要求，對於是否能正確的連動數位音響設備是很重要的，監控取樣時間的工具叫WORD CLOCK，WORD CLOCK是一個同步的脈衝，其實它的功能不只是計算時間而已，它還要確認每一個數位取樣開始與結束的時間，以及那一個取樣是屬於左聲道或右聲道，當很多數位設備連接一起時，同步脈衝允許設備決定每一個數位WORD的起點，很多數位設備連接一起時，每一個設備知道數位WORD何時開始何時停止，這是很重要的，否則可能發生訊號降低或失真。像AES-EBU及S/PDIF等數位介面，係直接將CLOCK訊號植入資料，但是有必要經常傳送一個訊號以偵測設備之間的WORD CLOCK是否有一個方波，以取樣率的速度在行進，數位器材的WORD CLOCK輸出入通常使用BNC接頭，用高品質的線來傳輸WORD CLOCK訊號是比較可靠的做法，尤其在多音軌環境中，高達八軌的數位資料可能共用一條線。

WRITE 寫入

儲存資料至數位器材內，例如：HD。

WEEE =
Waste from Electrical and Electronic Equipment
廢電子電氣設備指令

歐盟為電子、電氣設備所要求的環保指令，由於電子、電氣產品日新月異，汰換速度驚人，尤其是在高所得之已開發國家，電子、電氣廢棄物的產量日益增加，造成沈重的環境負荷，其中往往包含有害物質，也造成處理上的困擾。因此，歐盟著眼於電子電氣廢棄物量與質的整合管理，發展出WEEE環保指令，藉由歐盟龐大的單一市場力量，督促廠商建立綠色採購規範；其執行力的顯現，除了行政罰款與衍生之民刑事責任外，更重要的是在於，使不符合規範的產品無法進入歐盟市場銷售，以達成強制性的管制效果。

W

WEIGHTING 加權

A加權（非官方，但是通稱dBA），A加權曲線是以2.5kHz為中心的頻寬，其中100Hz衰減20dB，以及20kHz衰減10dB，他很用力地將低音頻率衰減，高頻也比一般衰減的多。注意：低價位音響設備最喜歡提供A加權噪音規格，並不是因為A加權噪音規格和人耳聽音的感覺較相近，而是因為A加權噪音規格可以幫忙隱藏骯髒的低頻哼聲組合，以免破壞了漂亮的噪音規格；有時候，A加權曲線改善噪音規格最多可達10dB；智者之言：一定要查明廠商的規格使用A加權曲線時，其背後隱藏的秘密。

C加權（非官方，但是通稱dBC），C加權曲線很平坦，但是頻寬有限，其中31.5Hz及 8 kHz均衰減3dB。

Z加權，IEC 61672-1定義的新名詞，最新國際音壓測量標準，Z加權代表零加權。

WHITE NOISE 白噪音

1.）物理用語，技術上來說白噪音的頻寬是無限大，但是以音響目的，我們把它侷限在音響頻率裡；從能量的觀點來說，白噪音裡的每一個頻率都有恆定的功率，也就是說每一個頻率的功率相同（粉紅色噪音是每倍頻功率相同），以白噪音功率為y軸， 頻率為x軸形成的曲線是平坦的，稱為固定頻寬濾波器；例如：以5Hz固定頻寬單位，表示測試儀器測試每個頻率振幅的濾波器是以每5Hz頻寬為單位。

2.）音樂用語，俚語所稱的沒有旋律、不和諧、不愉快、粗躁、刺耳的的音樂。

XYZ | X Files
PROFESSIONAL AUDIO

X-BAND

廣播用語,是一種雷達頻寬,頻率範圍從8GHz到12GHz,通常使用的頻率範圍在8.5GHz到10.68GHz之間。

X CURVE = Extended Curve X曲線

電影音響工業用語,X曲線也稱為寬範圍曲線並符合ISO 2969公報,係為粉紅色噪音所規範的,在聆聽位置、重複疊錄情況下,或者戲院2/3之前的觀眾席範圍內,頻率響應曲線一定要平坦的到達2 kHz,2/3之後的觀眾席範圍,其頻率響應曲線每倍頻衰減3dB;小房間X曲線是設計用於容積小於150立方米或5,300立方英呎的小房間,這個標準規範規定平坦的頻率響應曲線一定要到達2kHz,2kHz以上就可以有每倍頻衰減1.5dB的低頻滑落比例,某些人使用修改過的小房間X曲線,低頻滑落點從4kHz開始,每倍頻衰減1.5dB。

XG

YAMAHA制定的XG規格可同時演奏64種樂器,提供21組鼓聲、676種樂器音色。

XLR

一種世界統一規格的麥克風接頭,亦稱為CANNON卡農接頭。

X-OVER = CROSSOVER 分音器

XY STEREO MIC TECHNIQUE XY立體技術

XY立體技術採用兩支完全相同,且具指向性的麥克風,互呈90度被擺設在音源中心軸相對稱的45度角度,指向左方的麥克風收右邊的聲音,指向右方的麥克風收左邊的聲音,立體音場的特性將取決於麥克風的指向特性及偏離中心軸的角度,含有兩個震膜的麥克風就是配合本錄音技術設計的,也稱為COINCIDENT-MICROPHONE TECHNIQUE同位立體錄音技術。(如右圖)

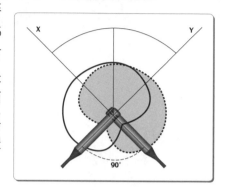

YAGI ANTENNA YAGI-UDA ANTENNA

電視天線,名稱取自於日本東京大學教授Hidetsugu Yagi(1886-1976)。

Y-CORD

Y-CORD可以將訊號一分為二,並將兩個相同訊號送往不同的地點,但是Y-CORD不能將兩個聲道的數位訊號連接一起。

Y-LEAD

有兩種,一種是LEAD SPLIT,能將一個訊號源送到兩個不同的接收端,Y-LEAD也可以用在混音機的插入點INSERT端子上,將立體的TRS JACK插在混音機的插入點,另一端分離成兩組MONO TS JACK的端子插在外接的動態效果器上。(如下頁圖)

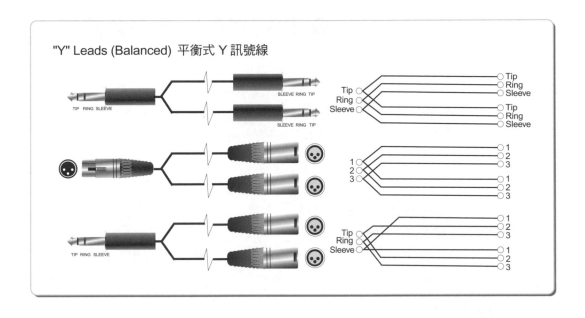

"Y" Leads (Balanced) 平衡式 Y 訊號線

YOUNG'S MODULUS 楊氏係數

材料力學用語，楊氏係數簡稱Y，特定材質的剛性測量，以固體來説，同一方向其縱向應力與縱向應變之比率，以桿子來説，受拉力時，依中心軸方向產生些微的伸長，拉力消失時就會自動縮回去；在彈性限度內，橫應變對於縱應變之比，隨材料之種類而有一定之值，此比值稱為楊氏係數。

也就是説以應力為縱軸，應變為橫軸，可畫出一個應力/應變圖，在彈性應變區以內的斜率稱為楊氏係數（Young′s modulus）。

$F/A=Y*(dL/L)$

Y：楊氏係數

F/A：應力（F：施力，A：施力接觸面積）

dL/L：延力方向的應變（dL：受力後的變化量，L：原長度）

ZENITH 方位角

錄音磁頭校正參數，檢查磁頭是否和錄音帶行經路線呈垂直狀態。

その他

ZERO-BASED MIXING 以零爲基礎的混音觀念

現場成音用語，Zero-based 的混音觀念就是：開始做FOH混音時，先將所有輸出推桿拉到底，然後傾聽舞台監聽喇叭的聲音，只有FOH聽不到或較小聲的聲道，才將他的推桿拉起來到適當的音量；其目的在於：將FOH功率放大器放大的音量引導至最小，讓表演的整體音響越自然越好，和Zero-based混音觀念相衝的是很大的場地， 大音量的監聽喇叭、大音量的樂器聲，例如：小喇叭和失控的吉他手。

ZERO CROSSING POINT

一個訊號波形由正變負或由負變正之點。

ZIPPER NOISE

當一個參數正在數位音響處理過程中改變時，每一步都會產生音響雜音。

ZOOM MICROPHONE 變焦麥克風

變焦鏡頭麥克風比擬技術，一種麥克風技術，其收音效果可以和變焦鏡頭同步；例如：變焦鏡頭拉近焦點時，音響也會變大聲；其秘訣就是：將麥克風拾音模式、或指向性、以及靈敏度由全指向性（寬角度與寬音場）改變為超心形指向性，全變焦時，會使麥克風非常具有指向性，並配合將麥克風前級放大器增益調大，這樣可以將影像與音訊得到較實際的感受。

ZONE

聲學用語，聆聽地點坐落在一個複雜的聲音系統中，是各自的分開及不同的互相隔離空間，一個複雜的聲音系統通常會被分成數個區域， 並加入個別的聲音處理。

ZONE OF SILENCE 寧靜區域

聲學用語，也稱為：聲音陰影，在戶外聲音的傳導，距離地面越高溫度越低，會產生聲音往上繞射現象，會在靠近地面處產生一個寧靜區域。

其他

0

0 dBFS

0 dBm

0 dBr

0 dBu

其他

0 dBV 1/3 OCTAVE GRAPHIC EQ
1/3八度音圖形等化器

1/3八度音圖形等化器的等化段數是單八度音圖形等化器的3倍,有30段,Q值幾乎也是固定(有的廠牌則為可選擇式的)其中心頻率為16、20、25、31.5、40、50、63、80、100、125、160、200、250、315、400、500、630、800、1000、1250、1600、2000、2500、3150、4000、5000、6300、8000、10000、12500及16000Hz,最常用作調校喇叭,或是建築物聲學補償或解決回授的等化修正,錄音室人聲的等化等等,有單聲道MONO及雙聲道的機種其機身從1～4U都有,依推桿揚程,MONO或雙聲道有所不同。

1/4" TRS 立體 6.3 mm PHONE JACK 插頭

1/4" TS MONO 6.3 mm PHONE JACK 插頭

3D 三度空間 = 3 dimension
3-dB down point or
-3 dB point
（如右圖）

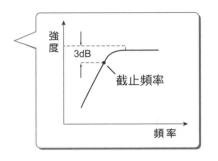

+4 dBu 專業音響工作電平

5.1 surround sound 5.1環繞音響

6.1 Surround Sound 6.1環繞音響
5.1環繞音響擴充版，也稱為Dolby Digital ES，但為非官方用語，係將5.1聲道的環繞聲道再加一隻中央環繞聲道喇叭。

7.1 Surround Sound 7.1環繞音響
5.1環繞音響擴充版，也稱為Dolby Digital EX，係將5.1聲道的環繞聲道再加一對環繞聲道喇叭至聆聽者左右側。

10Base-T or 100Base-T or 1000Base-T or 1000Base-F

-10 dBV 半專業或家用市場電子產品的工作電平

16 2/3 rpm

唱片錄音速度使用每分鐘33又1/3轉的半速,為特殊錄音目的,非標準速度。

2 WAY　兩音路

2/3 OCTAVE GRAPHIC EQ　2/3八度音圖形等化器

單八度音圖形等化器和1/3八度音圖形等化器之間,還有一種2/3八度音圖形等化器,
有15段,Q值幾乎也是固定值,其ISO中心頻率為16、25、40、63、100、160、250、
400、636、1000、1600、2500、4000、6300、10000及16000 Hz,價格比1/3八度音圖
形等化器便宜,如果不需要30段的等化器,15段雙聲道等化器也是不錯的選擇。

24/96

資料轉換其量子化採用24位元,取樣頻率為96kHz,是DVD-Video音響的規格。

24/192

資料轉換其量子化採用24位元,取樣頻率為192kHz。

3 WAY　三音路

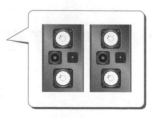

33 1/3 RPM RECORD
每分鐘 33又1/3轉的傳統唱片

傳統黑膠唱片標準速度每分鐘33又1/3轉，那是因為
WESTERN ELECTRIC公司於1925年利用黑膠唱片和電
影做同步效果，一捲35mm影片膠捲可以放影11分
鐘，黑膠唱片需要放音相同的時間，然而卻比只能放
音三分鐘的每分鐘78轉10英吋黑膠唱片標準快3.66
倍，最後考慮最佳的針槽速度及唱針直徑，遂採用每
分鐘33又1/3轉的標準速度。

4 WAY 四音路

+4/-10 GAIN 增益切換開關

混音台用語，通常出現在立體輸入聲道上，增益切換開關可供選擇兩種輸入靈敏度，
按開時為+4dBu，適合給專業器材音源，按下此鍵為-10dBV，適合一般HIFI器材，如果
不知道該用那一種設定，請先從+4dBu試試看，音量不夠再開大。

45 RPM RECOED 每分鐘45轉的傳統單曲唱片

傳統唱片標準的速度係每分鐘45轉，很多人相信選擇每分鐘45轉的原因是78-33
=45，當然不是這樣。既然市場決定使用，可播放五分三十秒的七英吋黑膠唱片，了
解唱片溝槽的細節以及刻片機的限制之後，能夠滿足這些條件的就是45rpm（每分鐘
45轉）。

+48V PHANTOM POWER 幻象電源

專業電容式的麥克風和許多晶體式麥克風通常需要外接電源工作，專業界已有一個標準的電源系統叫做幻象電源。它利用麥克風訊號線傳送48伏特直流電壓到麥克風，通過一個總開關，或者各聲道獨立的開關。

幻象電源一定只能提供給平衡式麥克風，或需要幻象電源的樂器用匹配盒DI BOX，非平衡式麥克風絕不可插入有幻象電源的插座上。動圈式麥克風不需要幻象電源，如果它是平衡式麥克風，插入具有幻象電源的插座沒有關係。

【注意】

麥克風插上去之後才可以切換此開關，同時請注意某些不標準的麥克風會耗掉非常大的電流（超過4mA），會使電源供應器超載而造成不能工作，此時就需要用獨立的電源供應器提供工作電壓。

70-VOLT LINE

請參考恆壓擴大機。

附錄

A

AB = AB 立體聲錄音法
A-B repeat = A-B 兩點重覆
Abort = 終結，停止（錄製、播放或任務）
ABS = American Bureau of Standard 美國標準局
Absorber = 減震器，阻尼器，緩衝器
Absorption = 聲音被物體吸收
ABTD = automatic bulk tape degausser 自動整體消磁電路
A-B TEST = AB 比較試聽
ABX = acoustic bass extension 低音擴展
AC = alternating current 交流電
AC = audio coding 數位音頻編碼
AC-3 = 杜比數位環繞聲系統
Accel = 漸快，加速
Accent = 重音，聲調
Accentuator = 預加重電路
Access = 存取，進入，增加，通路
A.DEF = audio defeat 音頻降噪，噪聲抑制，伴音靜噪
Adjust = 調整
ADL = acoustic delay line 聲音延遲線
ADP = acoustic data processor 音響數據處理機
ADRES = automatic dynamic range expansion system 自動動態範圍擴展系統
ADS = audio distribution system 音響分配系統
AFT = automatic fine tuning 自動微調
AGC = automatic gain control 自動增益控制
AI = artificial intelligence 人工智慧
AI = azimuth indicator 方位指示器
A-INSEL = audio input selection 音源輸入選擇
Alarm = 警報器
ALC = automatic level control 自動電平控制
ALC = automatic load control 自動負載控制
Alford loop = 愛福特環形天線
Algorithm = 演示
Aliasing = 量化雜訊
Aliasing distortion = 量化失真
Align alignment = 校正，補償，微調，匹配
Allegretto = 稍快板
Allegro = 快板，急速的樂章或樂曲
Allocation = 配置，定位

All rating = 全(音)域
ALM = audio level meter 音響電平表
ALT-CH = alternate channel 轉換通道，交替聲道
Alter = 轉換，交流電，變換器
Alternating = 震盪，交替的
Alternator = 交流發電機
AM = ampere meter 安培計，電流表
AM = amplitude modulation 調幅（廣播）
AM = auxiliary memory 輔助記憶體
Ambience = 臨環境感
Ambient = 周遭的
Ambiophonic system = 環境立體聲系統
Ambiophony = 現場環境身歷聲
AMLS = automatic music locate system 自動音樂定位系統
AMP = ampere 安培
AMP = amplifier 放大器
AMPL = amplification 放大
AMP = amplitude 幅度，距離
Amorphous head = 非晶體磁頭
ARP = azimuth reference pulse 方位基準脈衝
Architectural acoustics = 建築聲學
Arpeggio single = 琶音和弦，分解和弦
ASC = automatic sensitivity control 自動靈敏度控制
ASP = audio signal processing 音響信號處理
Assign = 指定，分派，分配
AST = active servo technology 主動式伺服技術
Astigmatism method = 象散法
A Tempo = 回到原速

B

Babble = 多路感應的複雜失真
Back = 返回
Back clamping = 反向相位
Back drop = 交流哼聲，干擾聲
Background noise = 背景噪聲，本底噪聲
Back off = 倒扣，補償
Back tracking = 補錄
Back up = 備份，支援，預備
Backward = 快倒搜索
Baffle box = 音箱
Balance = 平衡，立體聲左右聲道音量比例，平衡連接
Balanced = 平衡式

（頁碼）299

Balancing = 調整裝置，補償，中和
Banana jack = 香蕉插頭
Banana pin = 香蕉插頭
Banana plug = 香蕉插頭
Band = 頻段，頻帶，頻寬
Band pass = 帶通濾波器
Bandwidth = 頻帶寬
Bar = 小節，拉桿
BAR = barye 微巴
Barograph = 自動記錄式氣壓計
Barrier = 絕緣（套），障礙物
Bass = 低音，貝士（低音提琴）
Bass tube = 低音號，大號
Bassy = 低音加重
Battery = 電池
Bazooka = 火箭炮
BBD = Bucket brigade device 尋鍊設備（效果器）
BBE = 特指BBE公司設計的改善較高次諧波校正程度的
系統
Beat = 拍子，脈衝信號
Beat cancel switch = 差拍干擾消除開關
Bell = 貝爾
Below = 下列，向下
Bench = 工作臺
Bend = 彎曲，滑音
Bender = 滑音器
BER = bit error rate 資訊差錯率
Bi-amp = 兩音路電子分音
Bias = 偏置，偏磁，偏壓頭，既定程式
Bi-directional = 雙向性的，8字型指向的
Big bottom = 低音擴展，加重低音
Bin = 接收器，倉室
Binaural effect = 雙耳效應，身歷聲
Binaural synthesis = 雙耳合成法
Binary digit = 二位元組，二進位數字，二位元
Bit stream = 數位流，二位元流
Bit yield = 存儲單元
Bi-wire = 雙線（傳輸、分音）
Bi-Wring = 雙線
Blanking = 關閉，消隱，斷路
Blaster = 爆裂效果器
Blend = 融合（度）、調和、混合
Block = 分程式，聯，封鎖
Block Repeat = 分段重復
Block up = 阻塞

Bloop =（磁帶的）接頭雜訊，消音貼片
BNC = 連接器（插頭、插座），卡口同軸電纜連接器
Body mike = 小型麥克風
Bond = 接頭，連接器
Bongo = 雙鼓
Boom = 殘響，轟鳴聲
Boomy = 嗡嗡聲（指低音過強）
Boost = 提升（一般指低音），放大，增強
Booth = 控制室，錄音棚，展覽攤位
Bootstrap = 輔助程式，自舉電路，拔靴帶
Bottoming = 底部切除，末端切除
Bounce = 合併
Bowl = 碗(蛋)狀體育場效果
BPC = basic pulse generator 基準脈衝發生器
BPF = band pass filter 帶通濾波器
BPS = band pitch shift 分頻段變調器
Break = 停頓，間斷
Breaker = 斷電器
Breathing = 喘息效應
Bridge bypass = 橋接旁路
Bright = 明亮（感）
Brightness = 明亮度，指中高音聽音感覺
Brilliance = 響亮
Broadcast = 廣播
BTB = bass tuba 低音大喇叭
BTL = balanced transformer-less 橋式推挽放大電路
Bypass = 旁通

C

CAL = Calibrate 標準化，校準
CAL = Continuity accept limit 連續性接受極限
Calibrate = 校準，定標
Call = 取回，複出，呼出
Cancel = 刪除，取消
Canceling = 消除
Cap = 電容，小帽，電腦輔助生產
Capacitance Mic = 電容麥克風
Capacity = 容量，電容量
Card reader = 讀卡機
Cardioid = 心形的
Carrier = 載波器，無線麥克風傳輸用的頻率範圍

Cart = 轉運

Cartridge = 軟體卡，拾音頭，彈藥筒，唱針

Cascade = 串聯

Cassette = 卡式的，盒式的

Category = 種類，型錄

CATV = cable television 有線電視

Caution = 警告，小心

CCD = charge coupled device 電荷耦合設備

CD = compact disc 雷射唱片

CDA = current dumping amplifier 電流放大器

CD-E = compact disc erasable 可錄式雷射唱片

CDG = compact-disc plus graphic 雷射唱片可存靜態圖片

CD horn = constant directional horn 恆定指向號角

CDV = compact disc with video 存有動態畫像的CD唱片盤

Ceiling limit value = 上限值

Cell = 電池，元件，單元

Cellar club = 地下俱樂部效果

Cello = 中提琴

CEMA = consumer electronics manufacturer's association
（美國）消費者電子產品製造商協會

Central earth = 中心接地

Ceramic = 陶瓷

CES = consumer electronic show
（美國）消費者電子產品展覽會

CF = center frequency 中心頻率

CH = channel 聲道，通道

Chain = 傳輸鏈，通道

Chain play = 連續演奏

Chamber = 密室音響效果，消聲室

Change = 交換

Chapter = 曲目，章回

Chapter skip = 跳節

Character = 字元，符號，格

Characteristic curve = 特性曲線

Charge = 充電

Charger = 充電器

Chase = 跟蹤

Check = 校驗

Choke = 窒息

Choose = 選擇

Chromatic = 色彩

Circulate = 循環

Circuit = 電路

Classic = 古典的

Clean = 淨化，歸零

Click = 嘀噠聲

Clip = 削波，限幅，接線柱

Clock pulse = 時鐘脈衝

Close = 關閉，停止

Close talking microphone = 近講麥克風

Cluster = 中央音箱

CMRR = common mode rejection ratio 共模抑制比

Count = 記數，記數器

Coarse = 粗調，粗糙

Coax = 用好話勸

Coaxial = 數位同軸線接頭

Code = 編碼

Coefficient = 合作

Coincident = 多信號同步

Cold = 冷的，單薄的

Color = 染色效果

Comb = 梳形（濾波）

Combination = 組合音色

Combining = 集合，結合

Command = 指令，操作，信號

Common = 公共的，公共地端

Communication = 換向的，切換裝置，通訊

Communication speed = 通訊速度

Comparator = 比較測試器

Compensate = 補償

Compact = 緊密結實，壓縮

Compander = 壓縮擴展器

Compare = 比擬

Compatibility = 相容

Complex = 全套，複合物

Composer = 作曲家

Compressor = 壓縮器

Compromise = （頻率）平衡，妥協

Concentric = 同心圓的

Concert = 音樂會

Condenser Microphone = 電容麥克風

Cone type = 圓錐形（喇叭單體）

Configuration = 電線、電路佈局

Confirmation = 確認

Connect = 連接

Consent = 萬能插座

Console = 混音台

Consonant = 子音

Constant = 常數

Constant angular velocity = 恆角速度

Contact = 接觸點

Content = 內容

Continue = 繼續

Continue button = 兩個錄音卡座連續放音鍵

Continuous = 連續性的（音色特性）

Contour = 外形，輪廓，保持

Contour correction = 輪廓校正

Controller = 控制器

Contra = 次八度

Contrast = 對比度

Contribution = 分配

Control = 控制，操控縱

Controlled = 可控制的

Controller = 控制器

Control program = 控制程式

Control room = 控制室

Convert = 轉換

Convertible = 可轉換的

Copy = 複製

Correct = 校正，抵消

Correlation meter = 相關表

Counting unit = 計數單元

Coupler = 耦合

Cover = 補償，涵蓋

Coverage = 有效範圍

CPU = 中央處理器

Create = 建立，創造

Crescendo = 漸漸強或漸弱

Crispness = 清脆感

CROM = control read only memory 控制惟讀記憶體

Cross fader = 交叉推桿

Cross interleave code = 交叉隔行編碼

Cross-MOD = 交叉調變

Crossover = 分音器

Cross talk = 聲道串音，串音

Crunch = 摩擦音

C/S = cycle/second 周/秒

CSS = content scrambling system 內容加密系統

Cue = 提示，選聽

Cue clock = 故障計時鍾

Cueing = 提示，指出

Current = 電流

Cursor = 指示器，游標

Curve = （特性）曲線

Custom = 經常，客人

CUT = 切去，硬切換

D

D/A = digital/analog 數位/類比

DAB = digital audio broadcasting 數位廣播

Damp = 阻尼

Damping factor = 阻尼係數

DASH = digital audio stationary head 數位固定磁頭

Dashpot = 緩衝器，減震器

DAT = digital audio tape 數位錄音機

DATA = 數據

Data circuit terminating equipment = 數據電路終端機設備

Data input = 數據輸入

Data transmission = 資料傳輸

DATAtron = 數據處理機

DATE = 日期

DB(dB) = decibel 分貝

DBA = decibel absolute 絕對分貝

DBB = dynamic bass boost 動態低音提升

DBK = decibels referred to one kilowatt 千瓦分貝

DBm = decibel above one milliwatt in 600 ohms 毫瓦分貝

DBS = direct broadcast satellite 衛星直播

DBX = 壓縮擴展式降噪系統

DCF = digital comb filter 數位梳形濾波器

DCP = date central processor 數據中心處理器

DD = direct drive 直接驅動

DD = Dolby digital 數位杜比

DDC = direct digital control 直接數位控制

DDS = digital dynamic sound 數位動態音響

DDT = data definition table 數據定義表

Dead = 具有強吸音特性的房間

Decay = 衰減，變弱，餘音效果

Decibel = 分貝

Deck = 卡座，錄音座，帶支架的

Decoder = 解碼器

Deep reverb = 深度殘響

De-esser = 去唇齒聲器

Defeat = 消隱，靜噪，戰敗

Delayed action = 延遲作用

Delete = 刪除

Delivery end = 輸入端
Demodulator = 解調器
Demo = 展示品
Denoiser = 降噪器
Density = 密度,聲音密度效果
Depth = 深度
Design = 設計
Detector = 偵測器
Destroyer = 抑制器,毀壞
Detune =音高微調,去諧
Device = 裝置,設備
DFS = digital frequency synthesizer 數位頻率合成器
Diagram = 圖形,原理圖
Dial = 調節刻度盤,打電話盤
Difference = 不同,差別
DIFF = differential 差
Diffraction = 衍射,繞射
Diffuse = 擴散
Diffusion = 擴散
Digit = 數字
Digital = 數位的,數位式
Digital command assembly = 數位指令裝置
Digital input = 數位輸入
Digital input module = 數位輸入模組
Digital random program selector
= 數位式隨機選擇器
Digital signal converter = 數位信號轉換器
Digital signal processor = 數位信號處理器
Display simulation program = 顯示類比程式
Digital television camera = 數位電視攝影機
Digital video cassette = 數位錄影機
Dim = 變弱,暗,衰減
Diminished = 衰減,減半音
Dimension = 尺寸,(空間),音像空間
Din = 五芯插頭(德國工業標準)
Direct = 直接的,(混音台用語)直接輸出,定向的
Direct box = 直接盒,匹配盒
Directory = 目錄,名錄
Direction = 配置方式,方向性
Directional = 方向,指向的
Directivity =方向性
Digitalizer = 數位化裝置
Direct output = 直接輸出
Direct sound = 直接音
Disc = 唱片,光碟

Disc holder = 光碟片抽屜
Discharge = 釋放電,解除
Disco = 迪斯可,迪斯可音樂效果
Disconnect = 切斷,斷路
Discord = 不和諧和絃
Discriminator = 鑒相器
Dispersion = 音頻擴散特性,聲音分佈
Displacement = 偏移,替代
Displacement corrector = 位移校準器,同步機
Display = 顯示器
Distance = 距離
Distance controlled = 遠距控制器
Distortion = 失真,畸形變
Distribution = 分配
Distributor = 分配器
District = 區間
Divergence = 分散
Divider = 分配器
Division = 分段
Diversity = 分集(雙天線接收)
Divisor = 分配器
DJ = Disc Jocky 電台、夜總會放唱片接歌、主持節目或帶動氣氛人士
DLD = dynamic linear drive 動態線性驅動
DLLD = direct linear loop detector 直接線性環路檢波器
DME = digital multiplc effector 數位綜合效果器
DMS = data multiplexing system 資料多路傳輸系統
DMS = digital multiplexing synchronizer
數位多路傳輸同步器
DMX = data multiplex 資料多路(傳輸)
DNL = dynamic noise limiter 動態雜訊限幅器
DNR = dynamic noise reduction 動態降噪電路
DOL = dynamic optimum loudness 動態最佳響度
Dolby = 杜比
Dolby Hx Pro =
Dolby Hx pro headroom extension system =
杜比Hx Pro餘裕擴展系統
Dolby NR = 杜比降噪
Dolby Pro-logic = 杜比定向邏輯
Dolby SR-D = Dolby SR digital 杜比數位環繞
Dolby Surround = 杜比環繞
Dome loudspeaker = 球形喇叭
Dome type = 球形頂
Doppler = 杜普勒
Double = 雙重的,對偶的

Doubler = 倍頻器，加倍器

Double speed = 倍速複製

Down = 向下，向下調整，下移，減少

DPCM = differential pulse code modulation 差動脈衝調變

DPD = direct pure MPX decoder 直接純多路解碼器

DPL = duplex 雙工，雙聯

D.Poher effect = 德.波埃效應

Drain = 漏電，漏極

DRAM = direct read after write 一次性讀寫記憶體

DRCN = dynamic range compression and normalization 動態範圍壓縮和歸一化

Drive = 驅動

Dropout = 信號失落

Dr.Rhythm = 節奏同步校準器

Drum = 磁鼓，鼓

Drum machine = 電子鼓機

Dry = 無效果聲

DSP = digital sound processor 數位聲音處理器

DSS = digital satellite system 數位衛星系統

DTL = direct to line 直接去線路

DTS = digital theater system 數位劇院系統

DTS = digital tuning system 數位調諧系統

DTV = digital television 數位電視

Dual = 對偶，雙重，雙

Dub = 複製，配音，拷貝帶

Dubbing mixer = 拷貝機

Duck = 使背景音樂變小，讓其他音源優先

Dummy load = 假人負載

DUP = Duplicate 複製（品）

Duplicator = 複製裝置，增倍器

Duration = 持續時間，耐用度

Duty = 負責任

Duty cycle = 占空係數，頻寬比

DUX = duplex 雙工

DVD = digital video disc

DX = 天線收發開關，雙重的，雙向的

Dynamic = 電動式的，動態範圍，動圈式的

Dynamic exciter = 動態激勵器

Dynamic filter = 動態濾波（特殊效果處理）器

Dynamic Microphone = 動圈麥克風

Dynamic range = 動態範圍

Dynamic scan modulation = 動態掃描速度調製器

Dynamic super loudness = 低音動態超響度

Dynode = 電子倍增器電極

E

Early = 早期（反射聲）

Early warning = 預警

Earphone = 耳機

Earth = 真地，接地

Earth terminal = 接地端

EASE = electro-acoustic simulators for engineers 工程師用聲音模擬軟體

Eat = 收取信號

EBU = European broadcasting union 歐洲廣播聯盟

ECD = electrochomeric display 電致變色顯示器

Echo = 回聲，回聲效果，混響

ECL = extension compact limiter 擴展壓縮限制器

ECM = electret condenser microphone 背駐極體麥克風

ECSL = equivalent continuous sound level 等效連續音壓

ECT = electronic controlled transmission 電子控制傳輸

Editor = 編輯器

Edge tone = 邊棱音

E-DRAW = erasable direct after write 可復寫讀寫記憶體

EDTV = enhanced definition television 增強清晰度電視（一種可相容高解析度電視）

EE = errors excepted 允許誤差

EFF = effect efficiency 效果，作用

Effector = 操縱裝置，效果器

Effects generator = 效果產生器

EFX = effect 效果

EIA = electronic industries association （美國）電子工業協會

EIAJ = electronic industries association Japan 日本電子工業協會

EIN = Einstein 量子摩爾（能量單位），愛因斯坦

EIN = equivalent input noise 等效輸入雜訊

EIO = error in operation 操作失誤

Eject = 彈起艙門，取出磁帶（光碟），出盒

Electret = 駐極體

Electret condenser microphone = 背駐極麥克風

Electro acoustic = 電聲（器件）

Electro acoustics = 電聲學

Electronic = 電子的

EMI = electro magnetic interference 電磁干擾

Emission = 發射

Empty = 空載

Emphasis = 加重

EMS = emergency switch　緊急開關

Emulator = 模擬器，仿真設備

Enabling = 啟動

Enable = 賦使能，撤消禁止指令

Encoding = 編碼

End = 末端，結束，終止

Ending = 終端，端接法，鑲邊

Engine = 運行，使用，發動機

Engineering = 工程

Enhance = 增強，提高，提升

Enter = 記錄，進入，確認

Entering = 插入，記錄

Entry = 輸入資料，進入

Envelope = 包絡線，信封

Envelope generator = 波產生器

Envelope sensation = 群感

Envelopment = 環繞感，裹

EOP = electronic overload protection　電子過載保護

EOP = end of program　程式結束

EOP = end output　末端輸出

EOT = end of tape　磁帶尾端

EP = extend playing record　多曲目播放唱片

EP = extended play　長時間放錄，密錄

EPG = edit pulse generator　編輯脈衝發生器

EPS = emergency power supply　應急電源供應

EQ = equalizer　等化器，均衡器

EQ = equalization　等化

Equal-loudness contour = 等響曲線圖

Equipped = 準備好的，已裝備

Equitonic = 全音

Equivalence = 等效值

Erase = 消除，消音

Eraser = 抹去，消除

Erasing = 擦除，清洗

Erect = 設置，組立

Ernumber = 早期反射聲量

Error = 錯誤，誤差

ES = earth switch　接地開關

ES = electrical stimulation　點激勵

Escape =退出

Euros cart = 歐洲標準21腳AV連接器

Event = 事件

Exchange = 交換

Exciter = 激勵器

Expanded bass = 低音增強

Expender = 擴展器，動態擴展器

Expanding = 擴展

Exponential horn tweeter = 指數型高音號角揚聲器

Export = 出口

Expression pedal = 表情踏板　（用於控制樂器或效果器的腳踏裝置）

Extend = 擴展

Extension = 擴展，延伸（程式控制裝置功能單元）

Exterior = 外表

External = 外部的，外接的

Extremely low frequency = 極低頻

F

F.Rew = fast rewind 快倒

Facility terminal = 設備（輸出）埠

Factor = 因數，因素，係數，因數

Fade = 衰減（音量控制單元）

Fade depth = 衰減深度

Fade in-out = 淡入淡出轉換

Fader = 衰減器，推桿

Fade up = 平滑上升

Fading in　漸淡入

Fading out　漸淡出

Failure = 故障，失敗

Fall = 衰落，斜度

False = 錯誤

Fancier = 音響發燒友

Faraday shield = 法拉第遮罩，電容單位

Far field = 遠距場域

Fast = 快（速）

Fastener = 接線柱，閉鎖

Fat = 渾厚

Fault = 故障，損壞

FB = feedback 回授

FB = fuse block 熔絲盒

FCC = federal communications commission （美國）聯邦通信委員會

FeCr = 鐵鉻磁帶

Feed = 送入信號

Feedback = 迴授

Feed/Rewind spool = 供帶盤 / 倒帶盤
Ferrite head = 鐵氧體磁頭
FET = field effect technology 場效應技術
FF = flip flop 觸發器
FF = fast forward 快進
FG = flag generator 標誌信號發生器
Field pickup = 實況拾音
Field replaceable unit = 插件，可換部件
File = 文件，存入，歸檔，資料集，（外）記憶體
Fill-in = 填入，過門
Filter = 濾波器
Fine = 細微的
Fine tuning = 微調
Finger = 手指，單指和絃
Fingered = 多指和絃
Finish = 結束，修飾
FIR = finite-furation impulse response 有限沖激回應（濾波器）
Fire = 啟動
Fitting = 接頭，配件
Fix = 確定，固定
Fizz = 嘶嘶聲
Fluorescein = 螢光效果
Flange = 鑲邊效果
Flanger = 鑲邊器
Flanging = 鑲邊
Flash = 閃光信號
Flat = 平坦，平直
Flat tuning = 粗調
Flexible waveguide = 可彎曲波導管
Flip = 替換，調換
Floating = 非固定的，懸浮式的
Floppy disc = 軟碟
FO = fade out 漸隱
Focus = 焦點，中心點
Foldback = 返送，監聽
Foot = 腳踏裝置
Force = 強行置入
Format = 格式，格式化，規格，（記憶體中的）資訊安排
Fomant = 共振峰
Forward = 向前，轉送
Frame = 畫面，（電視的）幀
Frames = 幀數
Free = 免費，自由

Free echoes = 無限回聲（延時效果處理的一種）
Freeze = 凝固，聲音驟停，靜止
Frequency = 頻率
Frequency divider = 分頻器
Frequency level expander = 頻率電平擴展器
Frequency response = 頻率響應
Frequency shifter = 移頻器，變頻器
Frequency shift = 頻移，變調
Frequency tracker = 頻率跟蹤器
Fricative = 擦音
Front = 前面的，正面的
Front balance = 前置平衡
Front process = 前聲場處理
Full auto = 全自動
Full automatic search = 全自動搜索
Full effect recording = 全效果錄音
Full range = 全音域，全頻
Full short = 全景
Function = 功能

G

Gain = 增益
Gamut = 音域
Gap = 間隔，通道
Gate = 通道閘門
Gated Rev = 選通殘響（開閘的時間內有殘響效果）
Gear = 風格，格調，裝備
General = 綜合效果
General average = 總平均值
General purpose receiver = 通用接收機
Generator = 信號發生器
GEQ = graphic equalizer 圖示等化器
Girth = 激勵器的低音強度調節
Global = 總體設計
GM = general MIDI 通用數位樂器接器
GND = ground 地線，接地端
GPI = general purpose interface 通用周邊設備
Govern = 調整，控制，操作，運轉
Gramophone = 留聲機，唱機
Graphic equalizer = 圖形等化器
GRND = ground 接地

Groove = 光碟或黑膠唱片螺旋道的槽
Group = 編組，群組
Growler = 線圈短路測試儀
Guard = 保護，防護裝置
GUI = graphical user interface 圖形用戶介面
Guitar = 吉他
Guy = 拉線
Gymnasium = 體育館效果
Gyrator = 迴旋器

H

Hall = 廳堂效果
Handing room = 操作室
Handle = 手柄，控制
Hard knee = 硬拐點（壓限器）
Harmonic = 諧波
Harmonic distortion = 諧波失真
Harmonic Generator = 諧波產生器
Harmonize =（使）和音，校音
Harmony = 和諧
Harp = 豎琴
Hash = 雜亂脈衝干擾
Hass effect = 哈斯效應
HD = harmonic distortion 諧波失真
HDCD = high definition compatible digital
高解析度相容性數位技術
HDTV = high definition television 高解析度電視
Head = 錄音機磁頭，前置的，唱頭
Head azimuth = 磁頭方位角
Head gap = 磁頭間隙
Headphone = 頭戴式耳機
Headroom = 動態餘裕，動態範圍上限
Head set = 頭戴式麥克風耳機
Hearing = 聽到，聽力
Heat sink = 散熱板
Heavy metal = 重金屬
HF = high frequency 高頻率，高音
Hi = high 高頻，高音
HI band = 高頻帶
Hi-end = 最高品質，頂級
Hi-BLEND = 高頻混合指示

Hi-Fi = high fidelity = 高傳真，高傳真音響
High cut = 高頻截止
High pass = 高通
Highway = 匯流排，資訊通道
Hiss = 嘶聲
Hi-Z = 高阻抗
Hog horn = 拋物面喇叭
Hoisting = 提升，吊起
Hold = 保持，無限延期
Holder = 支架，固定架
Hold-off = 解除保持
Home = 家庭，家用
Home theatre = 家庭劇院
Horizontal = 水平的，橫向的
Horn = 高音號角，號筒，圓號
Horn loaded = 號角處理
Hot = 熱正極，高電位端
Hour = 小時
Howling = 嘯叫聲
HPA = haas pan allochthonous 哈斯音像漂移
HPF = high pass filter 高通濾波器
HQ = high quality 高質量，高品位
HR = high resistance 高阻抗（信號端子的阻抗特性）
HRTF = head-related transfer function 人腦相關轉換功能
Hum = 交流哼聲，交流低頻（50/60Hz）雜訊
Hum and Noise = 哼雜聲，交流雜訊
Humidity = 濕度，濕氣
HVDS = Hi-visual dramatic sound
高傳真現場感音響系統
HX = headroom extension 動態餘裕擴展
（一種杜比降噪系統），淨空延伸
Hybrid = 混合網路，橋接岔路
Hybrid system = 混合系統
Hyper cardioid = 超高心型的
Hz = hertz 赫茲

I

IC = integrated circuit 集成電路
ID = identification 識別
ID = identify 標誌
Idle = 空閒的，無效果的
IDTV = improved definition television
改進解析度電視系統
IEC = international electrical commission
國際電子工業委員會
IEEE = institute of electrical electronic engineers
電氣及電子工程師學會
IHF = the institute of high fidelity 高傳真學會
Image = 影像
IMP = interface message processor 介面資訊處理機
Impulse modulation = 脈衝調變
In lead = 引入線
Inlet = 引入，插座
In phase = 同相位
Inactive = 暫停止，失效的
Index = 索引，標誌，指數
Indicator = 顯示器
Indirect = 間接
Inductor = 感應器
Infinite = 無限的，非限定的
Infinite-duration impulse response =
無限沖激響應
Infrared = 紅外線的
Infrared remote control = 紅外線遙控
Inhibit = 抑制，禁止
Initial = 初始化
Initial Delay = 早期延遲
Inject = 注入，置入
In-line = 串聯的，在線的
In/Out =
使用與不使用（相當於旁路）開關，輸出/輸入
Input = 輸入
Input select = 輸入選擇
Insert = 插入（信號），插入介面
Insertion test signal = 插入點信號測試
Instant = 立即的，馬上
Institution = 建立，設置
Instrument = 儀器，樂器
Insulator = 絕緣體

Intake = 進入，入口
Integrated = 整合的，集成的，完全的
Integrated amplifier =
前置+功率放大器，綜合功率放大器
Integrated parameter editing = 整合參數編輯
Intelligate = 智慧型通道閘門
Intelligibility = 可懂度
Intensity = 強度，烈度
Interactive = 相互作用，人機對話，軟拐點
Interactive knee adapt = 互調拐點適配，拐點
Intercom = 內部通訊話（系統）
Interconnect = 互相聯繫
Inter cut = 插播
Interface = 介面
Interference = 干擾，干涉，串擾
Intermediate frequency = 中頻的
Interim = 臨時的，過渡特徵
Interior = 內部
Intermodulation = 互調，內調製
Intermodulation distortion = 交越失真
Inter parameter = 內部參數
Interplay = 相互作用，相互影響
Interrupted wave = 斷續波
Interrupter = 斷路器
Interval = 音高差別，音程
Interval shifter = 音階移相器
Intonation = 聲調
Introduction =
介紹，正式引見，引入，（樂曲的）前奏
INTRO scan = CD所有歌自動播放數秒的功能
Inverse = 反相
Invert = 輪流，反轉
Inverter = 反轉器，倒相器
Invertor = 反相器，翻轉器
I/O = in/out 輸入／出（端子），信號插入接座
IR = infrared sensor 紅外線感應器
IROA = impulse response optimum algorithm
脈衝響應最佳化演算法
ISO = International Standardization Organization
國際標準化組織
ISS = insertion test signal 插入測試信號
ISS = interference suppression switch 干擾抑制開關

J

Jack = 插頭
Jack socket = 插座
Jam = 抑制,干擾,即興,果醬
Jam proof = 抗干擾的
Jazz = 爵士
JIS = 日本工業標準
Job = 事件,作業指令,成品
Jog = 旋盤緩進,慢進,飛梭輪
Joker = 暗藏的不利因素,含混不清
Joystick = 控制手桿,操縱桿,搖桿
Jumper = 跳線,條形接片
Junction box = 連接盒
Justify = 證明合法

K

Karaoke = 卡拉OK樂隊
Key = 按鍵,關鍵,調
Keyboard = 電腦鍵盤,鍵盤樂器
Key control = 變調控制
Kerr = 克耳效應,(可讀寫光碟)磁光效應
kHz = Kilohertz 千赫茲
Kill = 清除,消去,抑制,衰減,斷截開
Killer = 抑制器,斷路器
Kit = 成套配件
Knee = 壓限器拐點
Knob = 旋鈕
KP = key pulse 鍵控脈衝
KTV = karaoke TV 伴唱電視(節目)

L

Labial = 唇音
Lag = 延遲,落後
Lamp = 燈,照明燈
Lap dissolve = 慢轉換
Lapping SW = 通斷開關

Large = 大,大型
Large hall = 大廳混響
Larigot = 六倍音
Laser = 鐳射(雷射)
Latency = 數位訊號轉換的延遲現象
Launching = 激勵,發射
Layer = 層疊控制,多音色同步控制
LCD = liquid crystal display 液晶顯示器
LCD projector = 液晶投影機
LCR = left center right 左中右
LD = 盤影碟機
LDP input = 影碟輸入
LDTV = low definition television 低解像度電視
Lead = 通道,前置,製造時間
Lead-in = 引入線
Leak = 滲漏
Learn = 學習
LED = light emitting diode 發光二極體(顯示)
Legato = 連奏
Length = 字長,範圍
Lento = 緩板
Left = 左(立體聲系統的左聲道)
Leslie = 列斯利(一種反相效果處理方式,Satana 早期音樂風琴比例重,這是風琴擴音器的效果)
Lesion = 故障,損害
Level = 電平
Level control = 電平控制
LF = low frequency 低頻率,低音
LFB = local feedback 本機回授,局部回授
LFE = low frequency response 低頻響應
LFO = low frequency oscillation 低頻振盪器
LH = low noise high output 低雜訊、高輸出
Lift = 提升(一種隔離接地於音響系統以外的裝置)
Light switch = 照明開關
Line = 高電平
Link = 連接
Long = 長(時間)
Long delay = 長時間延遲
Luminescence 發冷光

M

MADI = musical audio digital interface　音樂數位介面
Magnet = 磁鐵
Magnetic tape = 磁帶
Magnetic tape recorder = 磁帶錄音機
Main = 主通道
Major chord = 大三和弦
Make = 接通，閉合
Makeup = 接通，選配，化妝
Male = 插頭，插件，男性
Manchester auto code = 曼切斯特自動碼
Manifold technology = （音箱）多歧管技術
Manipulate = 操作，鍵控
Manual = 手的，人工的，手冊，說明書
Margin = （電平）餘量
Mark = 標誌，符號，標記
Mash = 壓低，碾碎
Masking = 掩蔽
Master =
總音量控制，調音台，主盤，標準的，主的，總路
Match = 匹配，適配，配對
Matched filter = 匹配濾波器
Matrix = 矩陣，調音台矩陣（M），編組
Matrix quad system = 矩陣四聲道身歷聲系統
MAX = maximum　最大，最大值
MB = megabytes　百萬位元
Mb/s = megabytes per second　百萬位元／秒
MC = manual control　手控，手動控制
MD = mini disc　小型光碟片唱機
Measure = 測量，範圍，測試
Measure = 樂曲的小節
Mechanism = 機械裝置
Medium = 適中，中間（擋位）
Medley = 混合
Mega bass = 超重低音
Megaphone = 喇叭筒
Mel = 美（音調單位）
Member = 部件，成員
Memory = 記憶體，存儲，記憶
Menu = 功能表，節目表，目錄，表格
Merge = 合併，匯總，融合
Meridian = 頂點的，峰值
Message = 通信，聯繫

Metal = 金屬（效果聲）
Metal tape = 金屬磁帶
Meter = 電平表，表頭，儀錶
Metronome = 節拍器
MIC = microphone = 麥克風，傳聲器
Mic level = 麥克風電平
Micro = 微
Micro monitor amp = 微音監聽放大器
Microprocessor system = 微處理系統
MID = middle　中間的，中部的，中音，中頻
Middle frequency = 中頻，中音
MIDI = music instrument digital interface
電子樂器數位介面
MIN = minimum　最小，最小值
MIND = master integrated network device
一體化網路總裝置
Miniature = 微型的
Minitrim = 微調
Minor chord = 小三和弦
Minute = 分鐘
Mismatch = 匹配不當
Mistermination = 終端失配
Mix = 混音，混合，音量比例調節
Mixer = 調音台，混音器
MM = moving magnet　動磁式
MNOS = metallic nitrogen - oxide semiconductor
金屬氮氧化物半導體
MNTR = monitor　監控器
MO = magneto optical　可抹可錄型光碟
MOC = magnet oscillator circuit　主振蕩電路
Mode = 狀態，方式，模式，（樂曲的）調式
Mode select = 模式選擇
Model = 型號，樣式，模型，典型的
MODEM = modulator demodulator　數據機
Moderate = 適中的
Moderato = 中板
Modifier = 調節器
Modify = 修改，調試，摩機，限定
Modulation = 調變
Modulation delay = 調製延時
Modulator = 調製器
Module = 模組，元件，因數，程式片
MOL = maximum output level　最大輸出電平
Monitor = 監聽，監視器
Monkey chatter = 串音，鄰頻干擾，交叉失真

Mono = 單聲道，單一

Mono equalizer = 單聲道等化器

MOS = metal-oxide semiconductor 金屬氧化物半導體

Motor = 馬達，電機

Motor cue = 換機信號，切換信號

Movie theater = 影劇院

Moving coil = 動圈式

Moving-iron loudspeaker = 舌簧揚聲器

Moviola = 聲畫剪輯機

MPEG = motion picture coding experts group
數位聲像資訊壓縮標準

MPH = multiple phaser 多級移相器

MPO = maximum power output 最大輸出功率

MPO = music power output 音樂輸出功率

MPR = master pre return 主控前倒送

MPS = main power switch 主電源開關

MPS = manual phase shifter 手控相移器

MPS = microphone power supply 麥克風電源

MPX = multiplex
多路傳輸，多次重復使用，多路轉換，複合

MPX = multiplexer 多路轉換器，多路調製器

MQSS = music quick select system 快速音樂選擇系統

MR = memory read 記憶體讀出

MS = manual search 手動檢索

MS = middle side 一種立體錄音技術的側面收音

MS(MSEC) = millisecond 毫秒

MSSS = multi space sound system 多維空間聲音系統

MST(MSTR) = master 主控

MSW = micro switch 微動開關

MT = multi track 多軌

MTD = multiple delay 多次延時

MTR = magnetic tape recorder 磁帶記錄器

MTR = micro-wave transmission 微波傳輸

MTS = multi-channel television sound 多聲道電視伴音

MTV = music TV 音樂電視（節目）

MUF = maximum usable frequency 最高可用頻率

MULT = multiplier 倍增器，光電倍增管

Multi = 並聯的，多路系統

Multiband = 多頻段

Multidimensional control =
聲場展寬控制，多維控制

Multi-echo = 多重回聲

Multi plex = 多路傳聲

Multiple = 複合的，多項的，多重的

Multiple chorus = 多路合唱

Multiple channel = 多聲道

Multiple effects = 綜合效果處理裝置

Multiple flange = 多層法蘭（鑲邊）效果

Multiple jack = 多眼插座

Multisound = 原始音色

Multitap = 轉接，（多插頭）插座

Multivibrator = 多諧振蕩器

MUPO = maximum undistorted power output
最大不失真輸出功率

MUSE = multiple sub-Nyquist sampling encoding
多重奈奎斯特取樣編碼

MUSH = multi-user simulated hallucination 角色伴演遊戲

Mush = 雜訊干擾，分諧波

Mush area = 不良接收區

Music = 音樂，樂曲

Music center = 音樂中心，組合音響

Music conductor = 音樂控制器

Mute = 靜音，啞音，雜訊控制

Muting = 抑制，消除

MV = mean value 平均值

MW = medium wave 中波

MXR = mixer 混音器

N

NAB = national association of broadcasters
國家廣播工作者協會

Name = 名稱，命名

Natural = 自然的，天然的，固有的

Naught = 零，無價值

NC = network controller 網路控制器

NC = numerical control 數字控制

Nazard = 三倍音

Near field = 近場

NEG = negative 負，陰（極）

NEP = noise equivalent power 雜訊等效功率

News = 人聲廣播音響效果，新聞

Next = 下一個，CD、VCD唱片跳回下曲鍵

NFB = negative feedback 負回授

NG = no go 不通，不對

Ni-Cd = nickel-cadmium 鎳鎘充電電池

NIL = 零點

NO. = number 數位，號碼
Noise = 噪音
Noise gate = 雜訊門，選通器
Noise generator = 雜訊發生器
Noise suppressor = 雜訊抑制器
Nominal = 標稱的，額定的
Non-direction = 全向的，無指向性的
Nonieme = 九倍音
No operation = 無操作指令
NOR(NORM) =
normal 普通的，標準的，正常的，常規的
NORM = 平均值
Normal frequency = 共振頻率
Notch = 觸點
Note = 符號，注釋，音調，音律，記錄
Notice = 注意事項，簡介
NR = noise ratio 雜訊比
NR = noise reduction 降噪，雜訊消除
NR = number 數位，編號
NTSC = national television system committee
（美國）國家電視系統委員會，正交平衡調幅制彩色電視
Null = 空位，無效的
NV = noise variance 雜訊方差
NVT = network virtual terminal 網路虛擬終端

Oboe = 雙簧管
O/C = open circuit 開路
OCK = operation control key 操作控制鍵
OCL = output capacitorless 無輸出電容功率放大器
OCT = octave 倍頻程，八度音
OD = operations directive 操作指示
OD = optical density 光密度
OD = over drive 過激勵，吸毒過量
Off = 關閉，斷開
Offering = 填入，提供
Offset = （移相）補償，修飾，偏置
OFHC = oxygen free high conductivity copper
高導電率無氧銅導線
Ohm = 歐姆（電阻的單位）
OK = 確認

Omni directional = 無方向性的，全指向的
On = 開接通
Once = 一次，單次
One-way relay play = 單向替換放音
Online = 聯機，聯線、在線
Only = 僅僅，只
On-mike = 正在送話，靠近話筒
One touch = 單觸連接
OP = output 信號輸出
OP = over pressure 過壓
Open = 打開
Opera = 歌劇
Operate = 操作，運轉
Operation = 操作，運轉
Operator = 操縱器，合成器運算元，總機
Optical = 數碼光纜介面
Optical master = 雷射器
Option = 選型，選擇
Optimum = 最佳狀態
OPTOISO = opt isolator 光隔離器
Or = 或，或者
ORC = optimum recording current
磁頭最佳記錄電流
Orchestra = 管弦樂器，交響樂
Organ = 風琴，元件
Original = 原（程式），初始（化）
OSC = oscillator 振盪器，試機信號（一千赫茲）
OSC = oscillograph 示波器
OSS = optimal stereo signal 最佳身歷聲信號
OTL = 無輸出變壓器功率放大器
OTR = one-touch time recording 單觸式定時錄影
OTR = operation temperature range 工作溫度範圍
OTR = overload time relay 過載限時繼電器
OUT = output 輸出
Outage = 中斷
Out-burst = 脈衝，閃光，閃亮
Outcome = 結果，輸出，開始
Out let = 輸出端子，引出線
Outline = 輪廓線
Out phase = 反向
OVDB = 重疊錄音
Overall = 輪廓，總體上
Overcut = 過調製
Over drive = 過激勵
Overdubs = 疊錄

Overflow = 信號過強
Overhang = （激勵器）低音延伸調節
Overhearing = 串音
Over load = 過載
Over sampling = 過取樣
Overtone = 泛音
OVWR = overwrite 覆蓋式錄音

P

P = procedure turn 程式變化
PA = public address 擴音，公共視聽
Pace = 步速，級數
Packed cell = 積層電電池
Packing = 圖像壓縮
PAD = 定值衰減，衰減器，（打擊樂大按鍵的）鼓墊
Padding = 統調，使……平直
Paddle = 開關，門電路
Page = 一面，（記憶體）頁面地址，尋找
Pair = （身歷聲）配對，比較
PAL = phase alternation line 歐洲、大陸用的電視系統
PAM = pulse amplitude modulation 脈幅調變
PAM = pole amplitude modulation 極點調幅
Pan = panorama 聲像調節，定位，全景
Panel = 面板，操縱板，配電盤
Paper cone = 紙盆
Parallel = 並聯
PAR (PARAM) = parameter 參數，參量，係數
Parametric = 參數的
Part = 聲部數，部分
Partial tone = 分音，泛音
PAS = public address system 擴聲系統
Pass = 通過
Passive = 被動，被動分頻，功率分頻
Paste = 貼上
Patch = 臨時，插接線，用連接電纜插入
Patch bay = 配線盒電盤
Patch board = 插線板
Patching = 臨時接線，補償
Patching cord system = 跳線系統
Path = 信號通路
Pattern = 模式，樣式，模仿，型號，圖譜特性曲線

Pause = 暫停
PBASS = proper bass active supply system 最佳低音重放系統
PBC = play back control 重播控制
PC = perceptual coding 感覺編碼
PC = program control 程式控制
PCB = printed circuit board 印刷線路板
PCM = pulse code modulation 脈衝編碼調變
PCM card = 波形擴充卡（增加新音色）
PC-COC = pure copper continuous casting 連續鑄造純銅導線
PD = protective device 保護裝置
PDM = pulse density modulation 脈衝密度調製
PDP = plasma display panel 等離子顯示板
PDS = partitioned data set 分區資料組
PDS = programmable data system 程式可控系統
PDS = power distribution system 電源分配系統
PE = phase encoding 相位編碼
PE = program execution 程式執行
Peak = 削峰（燈），峰值
Peak power = 峰值功率
Pedal = 踏板
PEM = pulse edge modulation 脈衝邊緣調變
Pentatonic = 五聲調式
PEQ = parametric equalizer 參數等化器
Percussion = 打擊樂器
Performance = 施行，表演，演出
Permalloy head = 坡莫合金磁頭
Permutator = 轉換開關，變換器
Personal preference = 個人偏好
Perspective = 立體感
Perform = 執行，完成，施行
Period = 周期
PFL = pre fader listen 推桿之前的監聽訊號
PG = pulse generator 脈衝發生器
PGM = program 節目，程式
Pgmtime = program time 節目時間
Phantom = 幻像電源
Phase = 相位
Phase meter = 相位儀
Phaser = 移相器
Phase REV = 反相（電路）
Phasing = 相位校正，移相效果
Phon = 方（響度單位）
Phone = 耳機，耳機插口

Phoneme = 音素
Phono (phonograph) = 唱機
Physiological acoustics = 生理聲學
PI = phase inversion 倒相
PIA = peripheral interface adapter 週邊介面轉接器
Piano = 鋼琴
Piano whine = 鋼琴鳴聲
Piccolo = 短笛
Pick-up = 拾音器，唱頭，感測器
Piezoelectric polymer earphone =
壓電聚合物耳機
Piezoelectric supper tweeters =
壓電式超高音喇叭
Pilot = 指示器，調節器
Pilot jack = 監聽插孔
Pin = 針型插口，不平衡音頻插口，接腳
Pink noise = 粉紅雜訊
Ping = 爆鳴聲，聲響
P-I-P = picture in picture 畫中畫
Pipe = 管，笛
Pitch = 音高，音調
Pitch shifter = 變調器，移頻器
PL = parental lock 防止誤動鎖定
PL = phase lock 相位鎖定，鎖相
PL = pilot lamp 指示燈
Place = 置入，起作用
Placement = 連接方式
Plate = 金屬板效果，板混響器
Play = 播放，重放，彈奏
Playback = 播放
Player = 唱機，放音器
PLL = phase locked loop 鎖相回路
PLR = plate reverb 金屬板混響
Plug = 插頭
Plunge = 切入
PMPO = peak music power output 音樂峰值功率輸出
PN = pseudo noise 隨機雜訊
Pneumatic loudspeaker = 氣動揚聲器
PNM = pulse number modulation
脈衝數調變，脈衝密度調變
Point = 接點，位置，交彙點
Pointer = 指示器，指標
Point source = 點聲源
Polarity = 極
Poly = 複音，多路，多

Pop = 突然，爆破音，（麥克風近講時的）氣息噗噗聲
Pop filter = 噗聲濾除器，口水罩
Pops = 流行音樂，流行音樂音響效果
Portable = 攜帶型
Portamento = 滑音
Ported reflex = 預放映
Position = 位置，狀態
Position indicator = 位置指示器
POSITIVE = positive 陽極
Posterior = 後面
POSTF = 後置（萬分）
POT = potentiometer 電位計
Power = 電源，功率
Power amplifier = 功率放大器
Power dump = 切斷電源
Power out = 功率輸出
Power rate = 功率比
Power supply = 電源供應
Power transformer = 電源變壓器
Power unit = 電源設備
P.P. = Panoramic potentiometer 全景電位器
P-P = Peak-Peak 峰值-峰值
PPD = ping pong delay 乒乓延時
PPG = programmed pulse generator 脈衝程式發生器
PPI = peak program indicator 峰值顯示器
PPI = programmable peripheral interface 程式外部介面
PPL = peak program level 峰值音量電平
PPM = peak program meter 峰值音量表
PPM = pulse phase modulation 脈衝相位調變
PRC = precision 精確，精細，精密度
Pre = 前置，前級，之前
Pre-delay = 產生延遲所需要的時間
Pre echoes = 預回聲
Pre emphasis = 預加重
PREAMP preamplifier = 前置放大器
Preamplifier = 前置放大器
Preselection = 預選
Presence = 臨場效果，臨場感
Present = 目前，即時
Preserve = 保存，維持
Preset = 預置，預設
Press = 按，壓
PREV = 唱片跳回上曲鍵
Preview = 預演
Previous = 向前，之前的

Prime = 同度音
Private = 專用的
PRM = parameter 參數
PRO = professional 專業的
Probe = 探感器
Process = 處理,加工
Processor = 處理器
Program = 程式,基本音色
Program cartridge = 程式盒記憶體
Program register = 程式寄存器
Program set indicator = 電腦選曲節目選定指示
Program switching center = 節目切換中心
Prosody = 韻律
Protect = 保護,防護
Protocol = 通信協定
Proximity effect = 近距離效果,近接效應
PS = position 位置,狀態
PSL = phase sequence logic 相位順序邏輯
PSM = peak selector memory 峰值選擇記憶體
PSM = phase shifter module 移相模件
PSM = pitch shift modulation 交頻調變
PSU = power supply 供電
Psychological acoustics = 心理聲學
Pull = 拉,趨向
Pull-in = 接通,引入
Pulse = 脈衝
Pulse timer = 脈衝計時器
Pumping = 抽氣效應
Pure tone = 純音
Purging = 淨化
Push = 推,按鈕,壓
Push button = 按鍵開關
Push-pull = 推挽式的
PWM = pulse width modulation 脈衝寬度調變
PWR = power 電電源,功率
PZM = pressure zone microphone 壓力區麥克風

Q

Q = Quality factor 品質因數,Q值,頻帶寬度
QD = quadrant 象限,四分之一圓周,90度圓弧
QD = quick disconnect 迅速斷開

Quack = 嘈雜聲
QUAD = quadraphonic 四聲道身歷聲
Quadrature = 正交,90度相位差,精調
Quality = 音質,聲音
QUANT = quantitative 定量的
QUANT = quantize 量化,數位化
Quantizing = 量化
Quartz synthesized FM/AM digital tuner =
石英合成式調頻 / 調幅數位調諧器
Quartz PLL frequency synthesizer =
晶體銷相環頻率
Quaver = 八分音符
Quench = 斷開,抑制
Quint = 五度,次三倍音
Quiver = 顫動聲

R

R = Right 右聲道
Rack = 機架,支架,機櫃,規定寬度,震動聲
Rack earth = 外殼接地
Radiation = 輻射
Radio = 無線電,收音機,射頻
Ram = random access memory 隨機記憶體
RAM = Royal academy of music 英國皇家音樂學院
Random = 隨機的,任意的,無規則的
Range = 範圍,幅度
Rate = 比率,速率,變化率,頻率
Ratio = 壓縮比,擴展比,比例
RCA = Radio Corporation of America 美國無線電公司
RCA jack = 梅花接頭
R-CH = 右聲道
R-DAT = Rotary Head-DAT 旋轉磁頭式數位錄放音機
Reactance = 電抗
Readjustment = 重新調整
Ready = 預備,準備完畢
Rear = 背面,後部,後置
REC = Recording 錄音,記錄,錄製
Recall = 招回,調出,重錄
Receiver = 接收機,含協調器的擴大機
Recharge = 再充電
Record = 記錄,錄製,唱片

Recorder = 錄音機
Record playback = 錄放音
Recovery = 恢復，復原
Recovery time = 恢復時間
Red = 紅色
Redo = 還原下一頁
Reduce = 減少，降低，縮小
Reduction = 壓縮，衰減，形成
Reecho = 再回聲
Reference = 說明書，參考，基準，定位
Reflection = 反射
Refraction = 繞射
Refresh = 恢復
REG = regulate 控制，校準，調節
REGEN = regeneration 再生（殘響形成方式），正反饋
Register = 寄存器
Rehearsal = 排演，預演
Reinforcement = 擴聲
Reject = 除去，濾去
Rejection = 抑制，拒絕
Relay = 繼電器，重放，轉放
Release = 恢復時間，釋放
Rename = 改名，命名
Remain = 保持，剩餘餘量，狀態保持
Remote = 遙控的，遙遠的，遠距離的
Removable = 可拆裝的
Remove = 除去
Renumber = 重寫號碼
REP = repeat 重複，反複，重放
Repeat mode = 反複放音的形式
Replace = 替換
Replacing = 替換，置換，重定
Reset = 重定，恢復，歸零，重復，重新安裝
Resistance = 阻抗
Resister = 電阻
Resolution = 解析度，分析
Resonance = 共振，共鳴
Response = 回應，特性曲線，回答
Resonance = 共鳴，諧振
Rest = 休止符，靜止，停止
Restraint = 抑制，限制器
RET = return 返回，回送
Return = 返回
REV = reverse 顛倒，反轉
REV = reverberation 殘響

Reverb depth control = 殘響深度控制
Revcolor = 殘響染色聲
Reversal = 反相，相反，反轉，改變極
Reverse = 回復，翻轉，反混響
Revert = 復原，返回
Review = 檢查，復查，重復
Revolve = 旋轉，迴圈
REW = rewind 快速倒帶
RF = radio frequency 無線電頻率
RFI = RF 無線電
RFI = RF interference 無線電干擾
Rhythm = 節奏
RIAA = Recording Industry Association of America 美國錄音工業協會
Ribbon microphone = 鋁帶麥克風，壓力帶麥克風
Richness = 豐滿度
Right = 右聲道，垂直的，適當的
Ring = 環，大三芯環端，冷端接點，振鈴
Ring mode = 回授臨界振鈴振蕩現象
Rit = 漸慢
RM = ring modulation 振鈴調變器
RMD = ring mode decoupling （音箱）振鈴去耦技術
RMR = room reverb 房間混響
RMS = random music sensor 隨機音樂探測器
RMS = railway mail servive 鐵路郵政服務
Rms = root mean square 均方根
Roadrack = 專業器材架
Rock = 搖滾樂、搖滾樂音響效果
Rod antenna = 拉杆天線
Rolloff = 高低頻規律 衰減，滾降
ROM = read only memory 唯讀記憶體
Room = 房間
Room equalizer = 房間等化器
Rotary = 旋轉
RPS = direct program search 直接節目搜尋，卡拉OK搜索
Rough = 粗的，糙的，近似的
Routing = 混合訊號派送選擇
RSS = Roland sound space processing system 羅蘭音響空間處理系統
RT = real time 即時分析
RT60 = Reverberation time 混響時間
RTA = real time analyzer 即時分析（儀），頻譜分析（儀）
RTS = real time simulator 即時模擬

RTS = real time system 即時系統
Rubber corrugated rim loudspeaker =
橡皮懸邊揚聲器
Ruby stylus = 紅寶石唱針
Rumba = 倫巴
Rumble = （低頻）隆隆聲
RV = rendezvous = 會聚點
RVS = reverse shift = 反向移動
RZ = return to zero = 歸零

S

Safeguard = 防護器
Safety = 安全裝置，保險裝置，保護裝置
SALT = symmetry air load technique 對稱空氣負載技術
Samba = 森巴
Sample = 聲音信號樣品，採樣，取樣，抽樣
Sampling = 取樣，脈衝調變
SAP = second audio program 第二套音頻節目
SAT = saturate 飽和效果處理
Save = 貯存
Saw Tooth = 鋸齒波
Saxophone = 薩克司風
SC = signal control 信號控制
SC = sub carrier 副載波
SC = system controller 系統控制器
SC = scan 掃描
Scale = 音階，刻度尺標
Scale unit = 標度單位，分頻器
Scan = 搜索，記錄，掃描
Scar = 雷射唱片上的缺陷
SCART connector = 歐洲標準21腳AV介面
Scattering = 散射
Scene = 實況，場景
Scheme = 設計圖，原理圖
Screw = 螺絲釘
Scroll back = 回找
Schmidt trigger = 施密特觸發器
Scintillation = 閃爍，調變引起的載頻變化
SCMS = successive copy manage system
連續複製管理系統符（DAT、CDR、CDRW設備中防止
多次轉錄節目的系統）
Scoop = 戽門，收集器

Scope = 範圍，顯示器
Scoring = 音樂錄音
SCR = silicon controlled rectifier 晶閘管整流器
Scraper = 刮聲器
Screen = 遮罩，屏幕
S-DAT = stationary head DAT 固定磁頭DAT機
SDDS = sony dynamic digital sound
索尼動態數位環繞聲系統
SDI = standard data interface 標準資料介面
SDLC = synchronous data link control
同步資料環鏈控制器
Search = 搜索，掃描
Searcher = 掃描器
SEC = Second   秒，第二
Section = 單元，環節
Security = 保險，加鎖
SED = system effectiveness demonstration   系統效果演示
Seek = 搜索
SEL = selector 選擇裝置，尋線器，轉換開關
Select = 選擇
Selectivity = （收音機）選擇
Semi- = 半-
Semibreve = 全音符
Semioctave = 半個八度音
SEN = sensor   感測器
Send = 送出，發送，發射
SENS = Sensitivity 靈敏度
Sensor = 感測器
Sentinel = 發射器，傳送器
SEP = standard electronic package   標準電子元件
SEP = system engineering process 系統工程處理
Separator = 分離器，分解器
Septieme = 七倍音
SEQ = sequencer 音序器，定序器
SEQ = Stereo equalizer   身歷聲等化器
Sequence = 排序，序列
Series = 系列，串連
Service = 維修，服務
Servo = 伺服機構，隨機系統
Servo motor = 伺服馬達
Sequential machine = 時序機
Session = 跟隨自動伴奏
Set = 調整，設定，裝置，定位，接收機
Setout = 開始，準備
Setup = 設定，構成，功能表，組合，調整

SFC = sound field composer　聲場合成裝置

SFS = sound field synthesis　聲場合成

SG = signal generator　信號發生器

S-hall = small hall　小型廳堂效果

Shake = 震動

Shape = 波形，輪廓

Shaper = 整形器，脈衝成形

Sharpness = 清晰度，鮮明度，銳度

Shelving =濾除，濾波處理，曲柄式

SHG = sub harmonic generator　次（分）諧波發生器

Shield = 保護，遮罩

Shift = 轉換，變調，移頻，漂移

Shock = 衝擊

Short = 短的

Short Gate = 短時選通道閘門（殘響效果）

SHUF = Shuffle　隨機順序節目播放

Shunt = 分路，並聯

SHUTT = shuttle　往復

Sibilance = 齒音

Sibilant = 絲絲音

Sibilation = 齒擦音，高頻聲畸變

SICS = sound image control system　聲像控制系統

Side = 邊，面，側面，方面

Side chain = 旁鏈

SIG = signal　聲音信號

Signal = 信號

Signal level = 信號電平

Signature = 特徵，音樂的調號，簽名

Silencer = 靜噪器

Silent = 靜噪調諧

Simple Tone = 純音

Simplex = 單工

Simultaneous = 同步，聯立

Simulate = 模擬的

SINAD = signal to noise and distortion ratio
信號對雜訊和失真比

Sine wave = 正弦波

Single = 單，單次的，單獨的，單碟

Single end = 單端的

SIP = solo in place　獨奏入位

SIP = standard information package　標準資訊包

Siren = 汽笛

Size = 尺寸

Skew control = 扭曲校正，菱形失真器

Skip = 跳躍，省略

Slap = 拍打效果

Slap back = 山谷回聲

Slap reverb = 山谷混響效果

Slave = 從屬的，從機，副控

Sleep = 睡眠定時開關，靜止

Sleeve (SLE) = 接地點，袖端，套

Slew rate = 瞬態率

Sliding tone = 滑音

Slope = 斜率，坡度，跨導

Slow = 慢速

SM = signal meter　信號強度計

S/M = speech/music　語言/音樂

Small club = 小俱樂部效果

Smear = 曳尾，拖尾，渾濁不清

Smear correction = 拖尾校正

SMF = Standard MIDI File　標準MIDI檔案

SMP = sampler　取樣器

S/N = signal-to-noise ratio　信噪比

Snake = 多芯訊號線

Snapshot = 片段，場景狀態設置

Snare Drum = 小軍鼓

Sneak in = 淡入

Snubber = 緩衝器，減震器

SO = sneak out　淡出

Socket = 插座，插口

Soft = 軟的，柔和的

Soft click = 柔 箝位

Soft knee = 軟拐點（壓限器）

Soft-touch = 輕觸式

Software = 電腦軟體

Solo = 獨唱，獨奏

Sone = 宋（響度單位）

Song = 樂曲

Sound = 聲音，音響，伴音

Sound column = 聲柱

Sound console desk = 調音台

Sound effect = 音響效果

Sound field = 聲場

Sound image = 聲像

Sound intensity = 聲強

Sound shadow region = 聲影區

Source = 聲源

SOS = sound on sound　疊加錄音

SP = speaker　揚聲器，喇叭

SP = speed　速度

SP = standard-play　標準速度錄放

SPA = stereo pan allochthonous　身歷聲聲像漂移

Space = 間隙，空間效果

Space division = 空間分佈

Special = 臨時（裝置），特設的

Spaciousness = 空間感，寬闊

Specification = 性能，規格

Spectrum = 音域，頻譜

Speech = 語言，語音

Speed = 速度，調製速度

Speed ratio = 轉換速率

Speed select =（錄音機）帶速選擇

Spiral modulation = 螺旋調變

Split = 分割，分配，等信號區

Sport = 運動場效果

Spot effects = 現場效果

Spring = 彈簧效果，彈簧殘響器

SPS = stereo pitch shift 立體聲變調

SPSS = self program search system　自動節目搜索系統

SQ = squelch 靜噪，雜訊抑制（電路）

Square = 廣場音響效果

Squawker =中音揚聲器

Squeal = 嘯叫

Squegger =間歇振盪器

Squib drivers = 電爆激勵器

SR = 遙控操作

SRL = standard recording level　標準錄音電平

SRS = sound retrieval system　聲音歸真（恢復）系統，是一種利用雙聲道產生環繞聲場的虛擬環繞聲方式。

SS = starting - point sensor　（磁帶）始端感應器

SS = switch selector　開關選擇器

SSG = synchronizing signal generator 同步信號發生器，同步機。

Stability = 平衡，穩定

Stacking = 占空係數

Stadium = 露天體育場效果

Stage = 舞臺效果，段

Stand-by = 等待，準備，備用

Standard = 標準，制式，規格

Standing wave = 駐波

Star = 星，星形，星號

Start = 啟動，開始，始端

Start Id = 起始識別

Static doubling = 靜態雙聲

Station = 操作臺

Status = 狀態，狀況

ST-BY = standby　準備

STD = standard　標準，規格

Steer = 操縱，控制

Step = 步驟，級，檔，階梯，步進

Step back = 後退

Stereo = 立體聲，立體

Stereochrous = 立體聲合唱

Stereo delay = 立體聲延時

Stereo exciter = 立體聲激勵器

STI = speech transmission index　語言傳輸系統

Sticks = 操作桿，安置，卡子

Still = 靜止

STM = send test massage　發送測試信號

STO = stand point　位置

Stop = 停止

Storage element = 記憶元件

Store = 存放，存儲器

STP = shielded twisted pair　遮蔽雙絞線

Strike note = 擊弦音，撞擊聲

String instrument = 弦樂器

Strip = 卸下附屬設備，脫光，條

Strobe = 選通脈衝，頻閃觀測器

Strong = 有力的

Structure = 裝置，結構

SUB = 副，輔助，附加，低音

Subgroup = 副，（混音台的聲道集中控制網路）群組

Sub octave = 次八度

Subsonic = 次聲，超低音

Subwoofer = 超低音

Sum = 和，總和，總數

Supper = 超

Super bass = 超低音

Super long play = 超長（三倍）時間播放

Super over drive = 超激

Suppressor = 抑制器

Support Equipment = 支援設備

Support programs = 支援程式

Surround = 環繞聲，環繞，包圍

Sustain = 保持，維持

SVP = surge voltage protector　湧浪電壓保護器

SW = signal wire　信號線

SW = short wave　短波

S/W = specification of wiring　佈線規格

Swap = 交換，調（等量齊觀），調換

Sweep = 掃描,曲線

Swell = 增音器

Swing = 擺幅,搖擺舞

Swishing = 颼颼聲

Switch = 開關,切換

Symphobass = 調諧低音系統

Symphonic = 交響,諧音

SYN(SYNC) = synchronism 同步

SYNC = synchronizer 同步器

Synchro = 同步機

Synth = 合成

Synthesis = 合成

Synthesizer = 合成器

System Expanding = 系統擴展

T

Tab = 防誤擋片,樂譜簡稱

Tachometer = 流速器

Tag = 電纜插頭

Take = 實錄,一次拍攝的影片

Takeoff = 取出

Takeover = 恢復,話音疊入,商議,接手

Talk = 呼叫,聯絡

Talkback = 對講聯絡

Tally = 播出,提示,插入

Tango = 探戈

Tap = 電流輸出,節拍

Tape = 磁帶

Tape recorder = 磁帶錄音機

TB = talkback 對講回送

TB = time base 時基

TBC = time base corrector 時基校正器

TBK = talkback 對講

TC = time code 時間碼,時序碼

TC = transmitter-tunning circuit 發射機調諧電路

TC = trim coil 微調線圈

TCC = triple concentric cable 三芯同軸電纜

TDE = time domain equalizer 時域等化器

TECH = technique 技術,技能,技巧

Telecine = 電影電視機,剪輯

Telerecording = 電視螢幕錄影

Telescopic = 伸縮天線

TEMP = temperature 溫度

Temp = 節奏

TEMPO = temporary 中間(工作)單元,暫時

TEMPO = Tempo 節奏,連接,速度

Teletypewriter = 遙控印表機,電傳打字機

Tentelometer = 張力表

Terminal = 終端,接線柱,引線,接頭

Terminal board = 接線端子板

Termination = 終端

Test = 測試,試驗,檢驗

Theater = 劇場效果,現場

Thermal noise = 熱雜訊

Thick = 沈重,厚重度

Thin = 單薄聲音

Thinness = 薄(打擊樂)

Three dimension =
3D音響,三度空間身歷聲音響系統

THRESH = threshold 觸發點,觸發,門限

Thresh thrash = 多次反復

Throat = 高音號角的喉

THRU = through 通過,過橋,直接轉送

Thrust = 插入,強行加入

THX = Tom Holman's Xepriment
湯霍爾曼實驗,家庭影院

TI = temperature indicator 溫度指示器

TIE = terminal interface exchange 終端介面交換

Tie = 連接符號,饋線,通信

Tierce = 第三音,五倍音

Tight = 硬,緊,硬朗

TIM = transient intermodulation 瞬態互調失真

Timber = 音質,音色

Timbre = 聲部

Time = 時間,倍,次

Timer = 定時器

Tint = 色調

TIP = terminal interface processor 終端介面處理機

Tip = 尖端,小費,乳頭

Title = 標題,字幕

TK = track 音軌

TM = trade mark 註冊商標

TMS = transmission measurement set 電平表

TMT = transmit 發送

TN = tuning unit 調諧裝置

TOC = 節目目錄

Tone = 音色，聲調，純音
Tone burst = 猝發音
Tone color = 音色
Tone quality = 音質，音品
Tonic = 律音
Top = 最高
TOS = tape operating system 磁帶作業系統
Total = 總，總共
Total tune = 整體協調，總調諧
Touch = 觸，壓，按
Touch sense = 鍵盤樂器壓指觸感
TPD = turnout piece delay 分支延時
TR = tracking 跟蹤
TR = transfer 傳輸，轉移
TR = trick = 特技效果
Track = 瓷機，軌跡機
Tracking = 尋跡，跟蹤，統調
Track loss = 軌跡丟失
Tracking monitor = 調校監聽
Trad = 陷波器，帶阻濾波器
Transmit = 發送，發射
Transmitter = 發射機
Transient = 瞬態，突波
Transient distortion = 瞬態失真
Translent response = 瞬態反應
Transistor = 電晶體，三極管
Transponder = 轉調器，變換器，詢答機
Transport = 運行，發送
Transpose = 轉調，變換器，移調
Transposer = 變調器
Transversal equalizers = 橫向等化器
Treble = 高音，三倍的，三重的
Tremolo = 顫音
Tremolo tremor = 顫音
Tremor = 顫音，振音裝置
Triamp = 三音路電子分音
Trick = 特技，詭計
Trig = 修飾
TRIG = trigger 觸發，觸發器，觸發脈衝
Trim = 調整，微調，調諧，削波
TRK = track 音軌
TRK = trunk 匯流排，母線，幹線
Trouble = 故障
TRS = time reference system 時間基準系統
Trump = 鍵擊雜訊，低頻雜訊，開機砰聲

Trumpet = 小喇叭
Turntable = （唱盤的）轉盤
Tunnel reverb = 隧道殘響效果
Turbo distortion = 渦輪失真效果
Tweeter = 高音喇叭單體
Twin channel = 雙聲道
Two complement = 補數
Two way mode = 雙面輪流放音模式（錄音機）
TYP = type 類型
Typical = 標準的，典型的

U

UHF = ultra high frequency 超高頻
UL = user language 用戶語言
ULD = unit logic device 組織邏輯裝置
ULF = ultra-low frequency 超低頻
UNBAL = Unbalance 非平衡（連接），不平衡度
Undo = 還原上一頁
Unit = 單位
Unidirectional Microphone = 單指向性麥克風
Uniform Quantizer = 均勻量化器
Unison = 諧音，調和
Unlocked = 未上鎖，不同步，不鎖定
Unpitched sound = 雜訊，無調聲
Unscramble = 清理，使…恢復原狀
Up = 向上，增加
Update = 修正，校正
Upper = 升高，向上
Uppercase = 大寫的，用大寫字母排印
Upper limit = 上限
UPS = uninterruptible power output 不間斷電源
Up to date = 最新式的
User = 用戶
USS = United States Standard 美國標準
UTIL = utility 實效，實用，應用
UTP = unshielded twisted pair 無敵屏雙絞線

V

V = value　數值，音長
VA = volt ammeter　伏安表
Variable = 可變數
Variation = 變化，參數調節，變奏
VC = vocal cancel　原歌聲消除
VCA = voltage control Amplifier　壓控增益放大器
VCD = video compact disk　視頻雷射唱片
VCF = voltage controlled filter　電壓控制濾波器
VCO = voltage controlled oscillator　電壓控制振盪器
VCR = video cassette recorder　錄影機
VDA = variable digital amplifier　可變數位式擴大器
VDP = 鐳射影碟機
VDU = video display unit　視頻顯示器
VELO = velocity 速度，力度
Vent = 通路，出口
VERB = reverberate　混響
Verify = 檢驗，核對
Verisimilar = 逼真的
Vertical = 垂直
VF = video frequency　視頻
VFD = vacuum fluorescent display　真空螢光顯示
VFX = voice effects　語音特技效果
VGA = variable gain amplifier　可變增益放大器
VHD = video high density system　視頻高密度系統
VHF = very high frequency　甚高頻
VI = volume indicator　音量指示器
Via = 經由，借助於
VIB = Vibrato　顫音
Vibration = 振動
Video = 視頻的
VID = virtual image display　虛擬圖像
Video = 視頻，圖像，電視的
Videodisc = 有影像的光碟
View = 總纜，指示，觀察
Village Gatage = 小音樂廳效果
Violin = 小提琴
VIP = variable information processing　可變資訊處理器
VIP = visual image processor　視頻圖像處理器
VIP = visual input 視頻輸入
VIR = virtual image　虛擬影像
Vision = 影像

Vision cable = 電視電纜
VLF = very low frequency　超低頻
VLS = virtual listening system　虛擬聽音系統
VMT = voltage mate technology　電壓匹配技術
VO = vertical output　垂直輸出，掃描輸出
VOC = vocoder 聲碼器，語音編碼器
Vocal = 人聲，聲樂的，發音的
Vocal partner = 合音的人，伴音
VODER = voice operation demonstrator　語音合成器
Voice = 聲音，音頻
Voice over = 聲音蓋過
Voicing = 聲部，（鋼琴）琴鍵觸感硬度一致性調整
VOL = volume 音量，體積，響度
Voltage = 電壓
VOS = voice operated switch　聲控開關
VOX = voice operated switching device 聲音控制切換裝置
VOX = voice operated transmitter　音控傳輸裝置
VOX = voice test　語言測試信號
Vox = （拉丁語）聲音
Vowel = 母音
VPS = video phase setter　視頻相位調節器
VPS = video program system　視頻演放系統
VR = variable resistor　可變電阻器
VRA = variable response amplifier　可變回應放大器
VRR = visual radio range　視頻無線電波段
VSS = virtual surround system　虛擬環繞聲系統
VTR = video tape recorder　磁帶錄影機
VTS = video tape splicer　錄影剪輯機
VU = volume unit　音量單位表，　VU表

W

W = watt　瓦特

WalFin = 牆面微調

Walk-man = 袖珍盒式放音機，隨身聽（俗稱）

Waltz = 華爾茲圓舞曲

Warble tone = 囀聲

Warm = 溫暖的，豐滿的

Warn = 警告，示警

Watcher = 指示燈，監視器

Wave = 波

Waveform = 波形

Wave guide = 波導

Wavelength = 波長

Way = 音路，頻段

WB = wideband　寬頻帶

WB = work bench　工作臺

WBT = wide band transmission　寬頻帶傳輸

Weak = 弱的

Weight = 重量

weighted = 加權

Weighting = 計權，加權

Wet = 濕，效果聲信號，加工的

Wheel = 調節旋輪

Wideband = 寬帶，寬頻帶

Wire = 導線，線

Wired = 有線的，有線傳輸

Wireless = 無線電的，無線的

Wireless mic　無線麥克風

Wiring = 配線，線路

Write = 寫入，存入

WRMS = weighted root mean square　加權均方根值

Wow = 抖晃，低頻顫

Woofer = 低音音箱

WORM = write once read many　一次寫入型光碟

※ 參考書籍 ※

1、THE AUDIO DICTIONARY GLENN D. WHITE

2、THE NEW STEREO SONGBOOK RON STREICHER & F. ALTON EVEREST

3、THE MASTER HAND BOOK OF ACOUSTIC 3RD EDITION F.ALTON EVEREST

4、HAND BOOK FOR SOUND ENGINEERS THE NEW AUDIO CYCLOPEDIA 2ND EDITION GLEN M. BALLOU EDITOR

5、LIVE SOUND REINFORCEMENT SCOTT HUNTER STARK

6、QSC POWER AMPLIFIER GUIDE QSC

7、THE PA BIBLE EV

8、SOUND REINFORCEMENT HAND BOOK GARY DAVIS, RALPH JONES

9、SOUND CHECK TONY MOSCAL

10、MICROPHONE TECHNIQUES DAVID MILLS HUBER, PHILIP WILLIAMS

11、MULTITRACK RECORDING DOMINIC MILANO

12、音響科技辭典 / 林吉志、李華宜

13、ACOUSTICS AND PSYCHOACOUSTICS HOWARD ANGUS

14、SOUND SYSTEM ENGINEERING DON DAVIS, CAROLYN DAVIS

15、ROLAND 專業術語辭典 — http://www.rolandtaiwan.com.tw

專業音響X檔案

編著 / 陳榮貴
發行人 / 潘尚文
封面設計 / 林幸誼
美術編輯 / 林幸誼、張元驥
攝影 / 李國華

登記證 / 行政院新聞局局版台業第6074號
廣告回函 / 台灣北區郵政管理局登記證第03866號
發行 / 麥書國際文化事業有限公司
　　　Vision Quest Publishing Inc., Ltd.
地址 / 10647台北市羅斯福路三段325號4F-2
　　　4F-2, No.325,Sec.3, Roosevelt Rd.,
　　　Da'an Dist.,Taipei City 106, Taiwan(R.O.C)

電話 / 886-2-2363-6166
傳真 / 886-2-2362-7353
郵政劃撥 / 17694713
戶名 / 麥書國際文化事業有限公司

http://www.musicmusic.com.tw
E-mail:vision.quest@msa.hinet.net

中華民國102年4月　三版

郵 政 劃 撥 儲 金 存 款 單

帳號 1 7 6 9 4 7 1 3

金額 新台幣（小寫）

元 拾 佰 仟 萬 拾 佰 仟

戶名 麥書國際文化事業有限公司

通訊欄（限與本次存款有關事項）

專業音響X檔案 訂⑨單

寄款人

姓名

通訊處

電話

□□□—□□

經辦局收款戳

虛線內備供機器印錄用請勿填寫

□ 我要用掛號的方式寄送
每本55元，郵資小計 ————元

總 金 額 ————元

憑本書劃撥單購買本公司商品，

一律享 9 折優惠！

郵政劃撥存款收據 注意事項

一、本收據請詳加核對並妥為保管，以便日後查考。

二、如欲查詢存款入帳詳情時，請檢附本收據及已填妥之查詢函向各連線郵局辦理。

三、本收據各項金額、數字係機器印製，如非機器列印或經塗改或無收款郵局收訖章者無效。

請 寄 款 人 注 意

一、帳號、戶名及寄款人姓名通訊處各欄請詳細填明，以免誤寄；抵付票據之存款，務請於交換前一天存入。

二、每筆存款至少須在新台幣十五元以上，且限填至元位為止。

三、倘金額塗改時請更換存款單重新填寫。

四、本存款單不得黏貼或附寄任何文件。

五、本存款金額業經電腦登帳後，不得申請駁回。

六、本存款單備供電腦影像處理，請以正楷工整書寫並請勿折疊。帳戶如需自印存款單，各欄文字及規格必須與本單完全相符；如有不符，各局應婉請寄款人更換郵局印製之存款單填寫，以利處理。

七、本存款單帳號及金額欄請以阿拉伯數字書寫。

八、帳戶本人在「付款局」所在直轄市或縣（市）以外之行政區域存款，需由帳戶內扣收手續費。

交易代號：0501、0502現金存款　0503票據存款　2212劃撥票據託收

本聯由儲匯處存查　保管五年

24H傳真訂購專線
（02）23627353

專業音響 **X** 檔案　　讀者回函

感謝您購買本書！為加強對讀者提供更好的服務，請詳填以下資料，寄回本公司，您的資料將立刻列入本公司優惠名單中，並可得到日後本公司出版品之各項資料，及意想不到的優惠哦！

姓名 _____　**生日** ____ / ____ / ____　**性別** ● 男　● 女

電話 _____　**E-mail** _____ @ _____

地址 _____　**機關學校** _____

● 請問您是從何處得知本書？
　□ 書店　　□ 網路　　□ 社團　　□ 樂器行　　□ 朋友推薦　　□ 其他_____

● 請問您是從何處購得本書？
　□ 書店　　□ 網路　　□ 社團　　□ 樂器行　　□ 郵政劃撥　　□ 其他_____

● 請問您認為本書整體看來如何？　　　● 請問您認為本書的售價如何？
　□ 棒極了　　□ 還不錯　　□ 遜斃了　　　□ 便宜　　□ 合理　　□ 太貴

● 請問您覺得本書對您最有幫助的部份為：

● 請問您還想閱讀哪方面的中文書籍？　　● 請問您希望從事的行業？
　□ 專業麥克風技術　□ 音響與音響系統基礎　　□ 編曲　　□ 錄音　　□ 音響控制
　□ 現場成音概論　　□ 建築心裡聲學　　　　□ 音樂家　□ 音響販售　□ 音響工程施工
　□ 立體聲歷聲　　　□ 建築聲學　　　　　　□ 專業音響出租　　　　□ 專業音響中文翻譯

● 請問您希望未來公司為您提供哪方面的出版品？
　_____
　_____

非常感謝您填寫本表格，我們將極慎重的考慮您的意見，並立即將您的資料建檔。謝謝！

請沿虛線剪下寄回

www.musicmusic.com.tw

寄件人 _____

地　址 ☐☐☐ _____

_____

廣　告　回　函
台灣北區郵政管理局登記證
台北廣字第03866號

郵資已付 免貼郵票

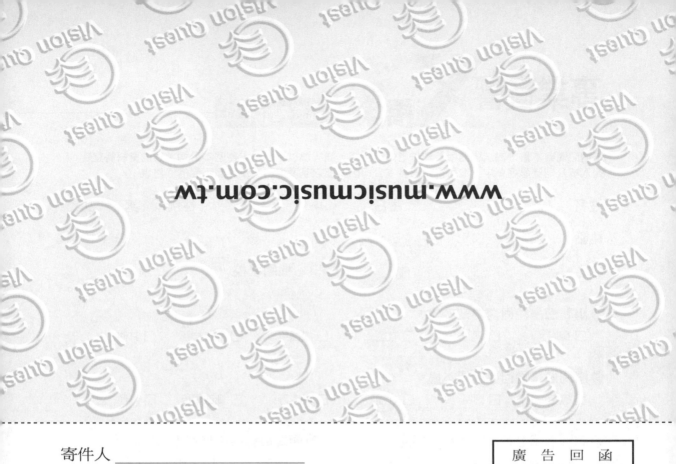

麥書國際文化事業有限公司

10647 台北市羅斯福路三段325號4F-2

4F.-2, No.325, Sec. 3, Roosevelt Rd.,
Da'an Dist., Taipei City 106, Taiwan (R.O.C.)

為加速郵件處理 · 請勿使用訂書針